神池县耕地地力评价与利用

施万荣　主编

中国农业出版社

图书在版编目（CIP）数据

神池县耕地地力评价与利用 / 施万荣主编．—北京：中国农业出版社，2016.6
ISBN 978-7-109-21693-8

Ⅰ.①神… Ⅱ.①施… Ⅲ.①耕作土壤—土壤肥力—土壤调查—神池县②耕作土壤—土壤评价—神池县 Ⅳ.①S159.225.4②S158

中国版本图书馆 CIP 数据核字（2016）第 106849 号

中国农业出版社出版
（北京市朝阳区麦子店街 18 号楼）
（邮政编码 100125）
责任编辑 杨桂华

中国农业出版社印刷厂印刷 新华书店北京发行所发行
2016 年 7 月第 1 版 2016 年 7 月北京第 1 次印刷

开本：787mm×1092mm 1/16 印张：8 插页：1
字数：200 千字
定价：80.00 元

内容简介

本书全面系统地介绍了山西省神池县耕地地力评价与利用的方法及内容。首次对神池县耕地资源历史、现状及问题进行了分析、探讨，并引用大量调查分析数据对神池县耕地地力、中低产田地力和果园状况等做了深入细致的分析。揭示了神池县耕地资源的本质及目前存在的问题，提出了耕地资源合理改良利用意见，为各级农业科技工作者、各级农业决策者制订农业发展规划，调整农业产业结构，加快绿色、无公害农产品基地建设步伐，保证粮食生产安全，科学施肥，退耕还林还草，进行节水农业、生态农业以及农业现代化、信息化建设提供了科学依据。

本书共六章。第一章：自然与农业生产概况；第二章：耕地地力调查与质量评价的内容和方法；第三章：耕地土壤属性；第四章：耕地地力评价；第五章：中低产田类型分布及改良利用；第六章：耕地地力调查与质量评价的应用研究。

本书适宜农业、土肥科技工作者及从事农业技术推广与农业生产管理的人员阅读。

编写人员名单

主　　编： 施万荣

副主编： 王　应　王　钧　王玉珍

编写人员（按姓名笔画排序）：

马文彪　王　应　王　钧　王玉珍　王建英
申春新　兰晓庆　刘桂莲　闫彩萍　李志权
吴　琼　张云珍　张君伟　张虹美　罗效良
赵建明　施万荣　贺　存　贺玉柱　贾秀珍
徐小艳　徐云文　高贵荣　郭应龙　崔永红
阎俊英

序

农业是国民经济的基础，农业发展是国计民生的大事。为适应我国农业发展的需要，确保粮食安全和增强我国农产品竞争的能力，促进农业结构战略性调整和优质、高产、高效、安全农业的发展。针对当前我国耕地土壤存在的突出问题，2008年在农业部精心组织和部署下，神池县成为测土配方施肥补贴项目县，根据《全国测土配方施肥技术规范》积极开展了测土配方施肥工作，同时认真实施了耕地地力调查与评价。在山西省土壤肥料工作站、山西农业大学资源环境学院、忻州市土壤肥料工作站、神池县农业技术推广中心科技人员的共同努力下，2010年完成了神池县耕地地力调查与评价工作。通过耕地地力调查与评价工作的开展，摸清了神池县耕地地力状况，查清了影响当地农业生产持续发展的主要制约因素，建立了神池县耕地地力评价体系，提出了神池县耕地资源合理配置及耕地适宜种植、科学施肥及土壤退化修复的意见和方法，初步构建了神池县耕地资源信息管理系统。这些成果为全面提高神池县农业生产水平，实现耕地质量计算机动态监控管理，适时为辖区内各个耕地基础管理单元土、水、肥、气、热状况及调节措施提供了基础数据平台和管理依据。同时，也为各级农业决策者制订农业发展规划，调整农业产业结构，加快无公害、绿色、有机食品基地建设步伐，保证粮食生产安全以及促进农业现代化建设提供了第一手资料和最直接的科学依据，也为今后大面积开展耕地地力调查与评价工作，实施耕地综合生产能力建设，发展旱作节水农业，测土配方施肥及其他农业新技术普及工作提供了技术支撑。

本书系统地介绍了耕地资源评价的方法与内容，应用大量的调查分析资料，分析研究了神池县耕地资源的利用现状及问题，提出了合理利用的对策和建议。该书集理论指导性和实际应用性为一体，是一本值得推荐的实用技术读物。我相信，该书的出版将对神池县耕地的培肥和保养、耕地资源的合理配置、农业结构调整及提高农业综合生产能力起到积极的促进作用。

王高勇

2013年12月

前言

耕地是人类获取粮食及其他农产品最重要的、不可替代的、不可再生的资源，是人类赖以生存和发展的最基本的物质基础，是农业发展必不可少的根本保障。新中国成立以后，山西省神池县先后开展了两次土壤普查。两次土壤普查工作的开展，为神池县国土资源的综合利用、施肥制度改革、粮食生产安全做出了重大贡献。近年来，随着农村经济体制的改革以及人口、资源、环境与经济发展矛盾的日益突出，农业种植结构、耕作制度、作物品种、产量水平，肥料、农药使用等方面均发生了巨大变化，产生了诸多如耕地数量锐减、土壤退化污染、水地流失等问题。针对这些问题，开展耕地地力评价工作是非常及时、必要和有意义的。特别是对耕地资源合理配置、农业结构调整、保证粮食生产安全、实现农业可持续发展有着非常重要的意义。

神池县耕地地力评价工作，于2008年1月底开始至2010年12月结束，完成了神池县10个乡（镇）、241个行政村的84.61万亩耕地的调查与评价任务。3年共采集大田土样6 900个、并调查访问了500个农户的农业生产、土壤生产性能、农田施肥水平等情况；认真填写了采样地块登记表和农户调查表，完成了6 900个样品常规化验、中微量元素分析化验、数据分析和收集数据的计算机录入工作；基本查清了神池县耕地地力、土壤养分、土壤障碍因素状况，划定了神池县农产品种植区域；建立了较为完善的、可操作性强的、科技含量高的神池县耕地地力评价体系，并充分应用GIS、GPS技术初步构筑了神池县耕地资源信息管理系统；提出了神池县耕地保护、地力培肥、耕地适宜种植、科学施肥及土壤退化修复办法等；形成了具有生产指导意义的多幅数字化成果图。收集资料之广泛、调查数据之系统、成果内容之全面是前所未有的。这些成果为全面提高农业工作的管理水平，实现耕地质量计算机动态监控管理，适时为辖区内各个耕地基础管理单元土、水、肥、气、热状况及调节措施提供了基础数据平台和管理依据。同时，也为各级农业决策者制定农业发展规划、调整农业产业结构、加快无公害、绿色、有机食品基地建设步伐、保证粮食生产安全、进行耕地资源合理改良利用、科学施肥以及退耕还林还草、节水农业、生态农业、农业现代化建设提供了第一手资料和最直接的科学依据。

为了将调查与评价成果尽快应用于农业生产，在全面总结神池县耕地地力评价成果的基础上，引用了大量成果应用实例和第二次土壤普查、土地调查有关资料，编写了《神池县耕地地力评价与利用》一书。首次比较全面系统地阐述了神池县耕地资源类型、分布、地理与质量基础、利用状况、改良措施等，并将近年来农业推广工作中的大量成果资料录入其中，从而增加了该书的可读性和可操作性。

在本书编写的过程中，承蒙山西省土壤肥料工作站、山西农业大学资源环境学院、忻州市土壤肥料工作站、神池县农业技术推广中心技术人员的热忱帮助和支持，特别是神池县农业技术推广中心的工作人员在土样采集、农户调查、土样分析化验、数据库建设等方面做了大量的工作。由神池县农业技术推广中心主任施万荣同志、忻州市土肥站副站长王应同志指导并执笔下完成了本书的编写工作，参与野外调查和数据处理的工作人员有王建英、刘桂莲、闫彩萍、李志权、吴琼、申春新、张云珍、张虹美、罗效良、贾秀珍、高贵荣、郭应龙、阎俊英等同志。土样分析化验工作由神池县土壤肥料工作站化验室完成；图形矢量化、土壤养分图、耕地地力等级图、中低产田分布图、数据库和地力评价工作由山西农业大学资源环境学院和山西省土壤肥料工作站完成；野外调查、室内数据汇总、图文资料收集和文字编写工作由神池县农业技术推广中心完成，在此一并致谢。

编　者
2013年12月

目录

第一章　自然与农业生产概况

第一节　自然与农村经济概况

一、地理位置

神池县农业历史悠久，据宁武府志记载，在唐、宋时期，“神池森林茂密，牧草遍野，牛羊成群”，是森林草原区。明朝万历年间设鄯阳堡，嘉靖年间改为神池堡，清雍正三年（1725 年）正式建县制为神池县。

神池县位于晋西北黄土高原，地理坐标为北纬 38°56′～39°24′，东经 111°42′～112°18′。东隔内长城与朔县为邻，西与五寨县毗连，南沿管涔山与宁武县接壤，西北靠偏关，东北界平鲁。全县地形南北高，中间低，呈长方条块。南北长 53 千米，东西宽 50 千米，总面积 1 472 平方千米。山地与丘陵约占总面积的 88%，平川区占总面积的 12%。

二、行政区划

神池县辖 3 镇 7 乡、241 个行政村，总人口 10.4 万人，其中农业人口 8.63 万人，农户数 2.28 万户，农村劳动力 3.05 万人。见表 1-1。

表 1-1　神池县行政区划与人口情况（2010 年）

乡（镇）	农业人口（人）	行政村（个）	自然村（个）
龙泉镇	11 208	25	25
东湖乡	10 100	27	29
太平庄乡	7 690	24	24
义井镇	11 700	20	20
虎北乡	6 990	12	12
贺职乡	8 620	30	29
八角镇	9 980	30	32
长畛乡	6 020	30	32
烈堡乡	5 683	20	22
大严备乡	5 800	23	26
合计	83 791	241	251

三、土地资源概况

据2010年统计资料显示，神池县总面积为1 479平方千米（折合221.853亩①）。其中，山地面积671 996亩，占总土地面积的30.29%。以朱家川河为界，分为南北两山。南山为管涔山山脉，山高，植被覆盖度高，是神池县的林区；北山为洪涛山山脉，山较低，以草灌为主，覆盖度低；丘陵地区面积1 195 049亩，占到总土地面积的53.87%；平川地，按地形划分为丘间坪地、沟谷川地、倾斜平原3种地貌单元。丘涧坪地面积104 513亩，占总土地面积的4.71%；沟谷川地面积124 326亩，占总土地面积的5.61%；山前倾斜平原面积122 256亩，占总土地面积的5.52% 。

已利用土地面积为220.6万亩，占总土地面积的99.44%。在已利用土地中，耕地面积84.61万亩（全部是旱地），占已利用土地的38.36%；宜林地面积38.74万亩，占已利用土地的17.56%；宜牧面积72.72万亩，占已利用土地的32.97%；居民点及工矿用地3.96万亩，占已利用土地的1.8%；交通用地面积4.08万亩，占已利用土地的1.85%；河流流域面积0.56万亩，占已利用土地的0.25%；未利用土地面积为1.25万亩，占总土地面积的0.56%。

神池县属于黄土高原缓坡丘陵区，全县地形南北高，中间低，呈长方条块。南部高山区虎北、太平庄乡为全县高山区，海拔1 600米以上，全县最高点在太平庄乡的草垛山，海拔2 543米。北部烈堡乡为全县中低山区，海拔1 500～1 700米，中部龙泉镇、八角镇、东湖乡、大严备乡地形地貌单元多样，包括沟谷川地、丘陵、丘涧坪地，海拔为1 300～1 600米。最低点在八角镇的川口村，海拔1 230米。西部长畛乡、贺职乡和西南部义井镇包括丘陵和平川，是神池县的粮食主产区，海拔1 300～1 500米。全县海拔最高和最低相差1 313米。

四、气　　候

神池县属大陆干旱季风气候区，其特点：冬季漫长，寒冷少雪；春季温度回升较快，干旱多风；夏季温湿相伴，降水集中；秋季短促，天高气爽。据宁武府志记载“神池沟儿涧，利民海子堰，五黄六月冻烂雀儿蛋”，民间还流传着，“一年一场风，从春刮到冬”，形象地揭示了神池的气候特点。据神池县气象站资料，神池年平均气温4.7℃，波动在3.8～5.4℃，最冷月1月平均气温－12.7℃，极端最低气温－33.8℃，最热7月平均气温19.5℃，极端最高气温34.8℃。年平均降水量487.7毫米，降水分布特点：春季（3～5月）干旱，占总降水量的13%，夏季（6～8月）雨量高度集中，占总降水量的62%，秋季（9～11月）明显减少，占总降水量的23%，冬季寒冷少雪，仅占总降水量的2%；无霜期平均114天，最短的南部管涔山不足90天，最长的县川河，朱家川河流域及西北黄

① 亩为非法定计量单位，1亩=1/15公顷。

土丘陵区达 120 天。年平均风速 4.1 米/秒，且从 11 月至翌年 5 月均维持在 4.5 米/秒以上，全年风向以西北风为主，春季风特别大，常伴有沙尘，土壤受风蚀很严重。

总之，神池县气候以大风、低温、降水少，变率大，春旱年份多，干旱与多风同在春季出现，无霜期短为主要特征。

五、成土母质

神池县土壤母质类型较复杂，据地质资料查阅和实地调查，山地区绝大多数为石灰岩残积—坡积物，丘陵区为第四纪马兰黄土沉积物：平川区为第四纪冲积—洪积亚沙土。

1. 山地成土母质 山地土壤成土母质多为石灰岩残积—坡积物，由它发育的土壤，质地较细，物理黏粒含量一般在 25%～30%，但在阳坡岩石裸露山地，由于受气候的影响，物理风化强，物理黏粒含量一般<20%。由石灰岩发育的土壤，碳酸钙含量一般是较高的，但对于高山山地棕壤，淋溶灰褐土而言，由于淋溶作用强，二价 Ca^{2+} 、Mg^{2+} 离子被淋掉，所以剖面无石灰反应，碳酸钙含量很低，尤其是土壤表层更低，仅 0.2%～0.5%。在低山区，岩石裸露，土层薄，植被覆盖差，淋溶作用微弱，全剖面石灰反应强烈，碳酸钙含量较高，达到 9%～11%，如淡栗褐土。

2. 丘陵区成土母质 神池县是一个主要由第四纪深厚马兰黄土所覆盖的缓坡丘陵区，仅在义井镇以西和贺职乡西北部丘陵低山区为马兰组风积亚沙土。丘陵区覆盖的黄土，由风的搬运堆积而成，土壤富含 SiO_2 达 60%～70%，$CaCO_3$ 含量达 10%～18%，所以剖面通体石灰反应强烈，pH 偏高，为 8～8.3，由于受地带性生物气候的影响，黄土母质中沙粒含量高，机械组成黏粒与沙粒之比一般为 15∶85，因此质地多为沙壤或轻偏沙，其物理性质：通透性能良好，易耕期长。土壤热容量小，土温升降快，土壤反应呈微碱，土壤中微生物活动旺盛，有机质分解较快，土壤肥力低贫。水土流失严重，母质特性明显。

3. 平川区成土母质 在管涔山山前倾斜平原，母质为洪积物，由它发育形成的土壤，砾石含量多，磨圆度差，分选性不好，常有透镜体存在，在剖面不同部位出现砾石层，土体构型差，漏水漏肥。

在朱家川河和县川河流域的川谷坪地区，母质为第四纪冲积、洪积亚沙土，由它发育的土壤，质地较粗，沙壤或轻偏沙，剖面层次较明显，沙黏相间，当地称为“澄泥地”。

六、水　　文

1. 地表水 神池县有 4 条较大的季节性河流。

朱家川河发源于东湖乡达木河村，全长 60 千米，经东湖、义井、贺职 3 个乡（镇）出界，流入五寨、保德入黄河。贯穿整个沟谷川地，流域面积为 63 万亩。

县川河起源于大严备乡六家河村，由东向西经大严备乡、八角镇，由长畛乡的前梨树洼村出境经偏关、保德入黄河，贯穿 3 个乡（镇）的丘涧坪地，全长 35 千米，流域面积

95 万亩。

野猪口河在县境东北部，发源于烈堡乡后红梁村，从烈堡乡石湖村出境，经朔州入桑干河。

涧口河分布在境内东部，由龙泉镇小沟儿涧村起，到大沟儿涧出境，流入宁武恢河，归入桑干河。全长 5 千米，流域面积 10 万亩。

四条季节性时令河，径流多集中在雨季 7 月、8 月、9 月这 3 个月，洪水流量占到全年径流量的 70%；各河流总洪水量达 1.15 立方米/秒，含沙量 35%，洪水最大流量 153 立方米/秒，洪水较大流量 85 立方米/秒，洪水普通流量 40 立方米/秒。

这些大小不等的时令河流，夏季洪水出现高峰时期，河床洪水滔滔，携带走大量的泥沙和由径流冲走的地表肥土，造成了严重水土流失。历史上，当地群众有引洪漫地习惯，通过多年的水漫地，不但使当年作物生长有明显增产效果，而且增加了土壤养分，培肥了土壤地力。但由于河流充水时间短，水流速急，流量大，故有时也会带来灾难。1967 年夏，朱家川河发生了一次几十年未遇的特大洪水，不但使群众的生命财产受到很大损失，而且在贺职乡部分川土地上淤滞了一层很厚的亚沙土，破坏了土壤结构，影响了作物生长。

2. 地下水　神池县是一个地下水源奇缺的地区。地下水源静储量 6.16 万吨，动储量每昼夜 5.9 万吨，且分布很不均匀，多集中在朱家川河和县川河流域平川区，历史上有 1/3 以上的村人畜严重缺水，目前还有不少村人畜吃水困难。

神池县地下水埋藏很深，仅在龙泉镇山涧洼地地下水位高，埋深 1～3 米，一般地下水埋深均超过 100 米。

七、自然植被

神池县由高海拔到低海拔，植被类型变化规律是：在 1 850 米以上的高山区，生长着落叶松、云杉为主的针叶林；在 1 700～1 850 米的淡栗褐土区，是以桦树、胡榛、六道木等为主的阔叶和灌木的混交林；在 1 600～1 750 米的栗褐土区，生长着酸刺、三椏绣线菊、山桃、山杏、胡枝子等；1 500～1 600 米的黄土丘陵区，生长有针茅、沙棘豆、白草等旱生草本植被；在 1 300～1 450 米的平川区，生长着狗尾草、苍耳、苦菜等，在山涧洼地，生长着盐吸、盐瓜瓜、蒲公英等耐盐植被，形成了盐化浅色草甸土。

神池县现有林地面积 49 万亩，其中针叶林 19 万亩，主要分布在南部大山区。阔叶林 17 万亩，灌木 13 万亩，苗圃 1 万亩。随着国家退耕还林政策和封山禁牧措施的实施，神池县的植被覆盖率将进一步提高。

八、农村经济概况

神池县人少地多，长期以来，耕作粗放，广种薄收，施肥水平低，致土壤瘠薄。加之农业生产条件恶劣，十年九旱，自然灾害较多，所以农业产量低而不稳。20 世纪 80 年代前粮食总产一直在 2 500 万千克左右徘徊。统计资料显示，新中国成立以来到改革开放，全县粮食总产在2 500万千克以上的年头有12个，2 000万～2 500万千克的年头有7个，2 000万千克以下的年头就有15个；这样，亩产不足30千克的达12个年头，突破百斤[①]关的只有9个年头。中共十一届三中全会后，由于党的农村经济政策的贯彻落实，特别是家庭承包制的实行，大大调动了广大农民群众的积极性，农村形势发展很快，生产面貌变化很大，粮油合计1981年总产3 130.2万千克，1982年总产5 374.22万千克，1982年比1981年增产71.7%，出现了万斤粮户20 794个，万斤油料户19个，之后神池县农业生产更加迅猛发展；20世纪80年代至今，神池县农业生产和农村经济得到了快速的发展，种植结构更加高效合理，基本形成了玉米、小杂粮、油料、旱地瓜菜四大主导产业种植格局。玉米年种植20万亩、小杂粮年种植20万亩、马铃薯年种植10万亩、油料年种植15万亩、旱地生产年种植5万亩，农作物年种植达到70万亩。通过地膜覆盖、测土配方施肥、有机旱作技术的推广，农作物单产水平有了大幅提高，年粮食产量1.25亿～1.5亿千克，年油料产量1.75万～2万千克，旱地瓜菜年产量5万～6万吨，种植业年产值6.5亿～7亿元，农民人均纯收入3 500～4 000元。

第二节　农业生产概况

一、农业发展历史

神池县农业历史悠久，据宁武府志记载，在唐、宋时期，“神池地森林茂密，牧草遍野，牛羊成群”是森林草原区。新中国成立后，农业生产有了较快发展。从20世纪50年代以来，开展了轰轰烈烈的农田基本建设和植树造林活动，涌现出省造林模范马羊莲、合作社带头人郝栓成、老愚公造林专业队长高富等一批杰出人物；改革开放后又涌现出双万户阎全生、机械行业排头兵刘兵、植树先锋聂仲科等一大批农业界省劳动模范。20世纪70年代以来，科学种田逐渐为农民接受，广泛施用化肥、农药，大力推广优种、地膜，产量有了提高，在此期间神池县被山西省政府确定了全省油料基地县。中共十一届三中全会后，生产责任制极大地解放了农村生产力，随着农业机械化水平不断提高，农田基础设施的改善，科学技术的推广应用，农业生产发展较快。全县粮油总产由新中国成立初的2 000万～2 500万千克至如今的1.25亿～1.5亿千克，提高了4～5倍。

二、农业发展现状与问题

神池县耕地充足，农民人均耕地10.3亩，但土壤瘠薄、干旱缺水、无霜期短是农业发展的主要制约因素，可以概括为“一寒、二旱、三瘠薄、四粗放”，历来以旱作农业为主，靠天吃饭、雨养农业的格局短期内无法改变。全县耕地面积84.69万亩，全部是旱地，主要农产品产量见表1-2。

---

① 斤为非法定计量单位，1斤=500克。

表 1-2　神池县主要农产品总产量

年份	粮食（吨）	油料（吨）	蔬菜（吨）	猪（万头）	大畜（万头）	羊（万只）	农民人均收入（元）
1949	16 258	909	—	0.16	0.89	2.44	—
1960	13 878	366	—	0.7	1.36	5.10	32
1965	17 470	1 240	—	0.82	1.28	5.40	44
1970	22 212	1 157	—	0.82	1.48	5.60	57
1975	29 406	855	—	0.94	1.55	6.60	52
1980	32 025	1 048	—	1.59	1.59	6.40	133
1985	18 432	12 215	3 400	1.08	1.99	4.00	198
1990	52 725	17 041	6 000	1.10	2.22	9.64	469
1995	11 642	16 548	6 540	2.01	2.26	10.02	343
2000	11 688	9 050	18 000	2.88	3.38	21.35	650
2005	33 850	5 033	21 200	5.81	4.48	45.05	1 008
2010	132 200	15 000	20 000	6.82	4.54	53	2 463

从表 1-2 可以看出，神池县的农业生产水平年际间上下起伏、波动很大，雨量充沛则丰收，雨量短缺则减收，雨养农业的特征非常明显。到 21 世纪以来，丰年的粮食产量水平为 12 万～13 万吨，平年的粮食产量水平为 8 万～10 万吨。单产低而不稳，种田效益低。

2010 年，神池县农、林、牧、渔业总产值为 6.2 亿（现行价）。其中，种植业产值 4.15 亿元，占 67.42%；林业产值 0.45 亿元，占 7.2%；牧业产值 1.43 亿元，占 22%；农林牧渔服务业 0.21 亿元，占 3.38%。

神池县 2010 年农作物播种面积 72.3 万亩，其中粮食作物播种面积 58.3 万亩，油料作物 10.5 万亩，蔬菜面积 2.34 万亩，瓜类 0.28 万亩，其他 0.88 万亩。

畜牧业是神池县的优势产业。2010 年末，全县大畜存栏 5.44 万头，猪 6.82 万头，羊 53 万只，鸡 164 306 只，肉类总产量 420.8 万千克。

食品加工业是神池县的支柱产业，主要品种是月饼、麻花，神池月饼是山西著名品牌，神池县也因此享有月饼之乡的美誉，生产加工历史悠久。据史料考证，神池县月饼加工已有 1 000 余年的历史。21 世纪以来，神池县狠抓月饼产业大县建设，每年都举办为期 15 天的神池月饼美食文化节，宣传造势、规模化培养和品牌化开发力度达到了历史最高水平。目前年总生产量已达到 8 000 余万个，年产值 1.6 亿元，成为民营经济的主要来源。

由于地形地貌复杂，立地条件差，神池县农机化水平不高，劳动效率低。神池县农机总动力 2010 年底为 17.13 万千瓦，共拥有大中小型农机具 4 564 台。拥有拖拉机 4 482 台，其中大中型 698 台、小型 3 784 台；拥有种植业机具 1 687 台，其中机引犁 1 301 台；机引铺膜机 541 台；秸秆粉碎还田机 153 台；旋耕机 155 台；排灌动力机械 61 台；机动喷雾器 96 台；农副产品加工机械 804 台；农用运输车 3 254 辆，其中农用载重车 1 072

辆；推土机 82 台。

神池县机耕面积 54 万余亩，机播面积 28 万余亩，机收面积 10.13 万余亩。农用化肥折纯用量 3 976 吨，农膜用量 151 吨，农药用量 13.6 吨，农村用电量 6 435 万度，农用柴油使用量 3 447 吨。

第三节　耕地利用与保养管理

一、主要耕作方式及影响

神池县传统的耕作制度是一年一熟制。因为人少地多，目前生产上普遍采用的间作、套种、混种、立体种植、复播等提高复种指数的先进种植方式基本不采用。近年来在全县正在兴起推广的下挖式日光节能温室蔬菜种植，亩纯收入 2 万多元，是大田作物的 20～30 倍，效果非常好。耕作以畜耕为主，近年来小型拖拉机悬挂深耕犁、旋耕机进行耕作，有了一定的规模，耕作深度 20～30 厘米。春耕为主，秋耕为辅。秸秆粉碎还田近年来有了一定的发展。

二、耕地利用现状、生产管理及效益

神池县种植作物主要有春玉米、谷子、马铃薯、莜麦、糜子、黍子、豌豆、蚕豆、黑豆、红芸豆、胡麻、黄芩、向日葵、南瓜、西瓜、旱地蔬菜等，是小杂粮区，也是胡麻产区，种植业以旱作农业为主。

据 2010 年统计部门资料，神池县农作物播种面积 71.73 万亩，其中粮田面积 60.41 万亩，油料面积 8.67 万亩，瓜菜 2.65 万亩。粮食作物中玉米 19.06 万亩，薯类 8.73 万亩，豆类 15.35 万亩，莜麦 12.3 万亩，糜黍谷等 6.97 万亩。单产水平是玉米 375 千克/亩、莜麦 175 千克/亩、胡麻 60 千克/亩、黑豆 200 千克/亩、马铃薯 900 千克/亩、糜黍 150 千克/亩、南瓜 750～900 千克/亩，全县粮食总产量 9.273 万吨，油料总产量 0.914 4 万吨，瓜菜总产量 1.403 万吨，农民人均纯收入 3 684 元。

三、施肥现状与耕地养分演变

神池县农田农家肥施肥情况 20 世纪 80～90 年代达到顶峰，约为 150 000 万千克，近年来呈下降趋势，保持在 75 000 万千克左右。大牲畜年末存栏数，1949 年 0.89 万头，1995 年达为 2.65 万头，2011 年为 4.56 万头。猪年末存栏数，1949 年 0.16 万头，2005 年为 5.81 万头，2011 年为 6.84 万头。羊年末存栏数，1949 年为 2.44 万只，1995 年为 10.02 万只，2011 年为 53 万只。化肥使用量从逐年增加到趋于合理。1970 年化肥用量（折纯）为 60 吨，1980 年为 2 183 吨，1990 年为 3 620 吨，2000 年为 4 907 吨，2011 年为 6 000 吨，2009 年每亩耕地平均折纯量为 7.6 千克。1990 年氮肥（折纯）施用量 2 450 吨，磷肥（折纯）550 吨，钾肥（折纯）0 吨，氮、磷、钾三要素的比例为 4.5∶1∶0；

2000年氮肥（折纯）施用量为3 200吨，磷肥（折纯）1 000吨，钾肥（折纯）0吨，氮、磷、钾三要素的比例为3.2∶1∶0；2011年氮肥施用量（折纯）3 273吨，磷肥（折纯）I2 182吨，钾肥（折纯）545吨，氮、磷、钾三要素施肥的比例为3∶2∶0.5，明显趋于合理，同时二元三元复合肥使用已较普遍。

2008—2010年，神池县测土配方施肥总面积100万亩次，配方肥施22万亩次。其中，2010年全县测土配方施肥面积46万亩，配方肥应用面积6万亩。随着农业生产的发展，科学施肥技术的推广应用，近年来全县耕地耕层土壤养分测定结果与1984年第二次全国土壤普查测定结果相比，23年间土壤有机质平均增加了1.447克/千克，全氮增加了0.295克/千克，有效磷增加了4.371毫克/千克，速效钾采样不同的化验方法，1984年为161.79毫克/千克，2008—2010年为104.9毫克/千克，因两种化验方法不同，不能进行比较。总的看来，随着测土配方施肥技术的全面推广应用，土壤肥力会不断提高。

四、农田环境质量与历史变迁

神池县农业属旱作农业、雨养农业，农田环境质量没有受到明显污染。

神池县环境质量现状：

1. 空气 神池县2010年空气质量二级以上天数为361天，其余为三级，空气中主要污染物为粉尘。

2. 地表水 神池县地表水主要集中在7月、8月、9月这3个月降水季节，可形象地概括为有雨山洪发、无雨河床干，所以4条较大的季节性河流和遍布全县的支毛小沟，积水时段主要在雨季，是流动的活水，加之全县基本没有大型排污企业，所以地表水不存在污染问题。

3. 耕地 全部是旱地，化肥和农药使用量较少，所以灌溉污染和农药及肥料残留污染问题也基本不存在。从20世纪90年代开始，地膜得到了大面积推广，全县年面积达到50余万亩，废膜残留成了神池县农业环境的主要污染。

4. 地下水 神池县是一个地下水源奇缺的县。地下水源静储量6.16万吨，动储量每昼夜5.9万吨，且分布很不均匀，多集中在朱家川河和县川河流域平川区，历史上有1/3以上村人畜严重缺水，目前还有不少村人畜吃水困难。神池县地下水埋藏很深，仅在龙泉镇山涧洼地地下水位高，埋深1～3米，一般地下水埋深均超过100米，使用地下水污染问题不突出。

五、耕地利用与保养管理简要回顾

1985—2000年，根据全国第二次土壤普查成果，神池县划分了土壤改良利用区，根据不同土壤类型、不同土壤肥力和不同生产水平，提出了合理利用及培肥措施，并贯彻实施，达到了培肥土壤的目的。

从2000年至今，随着农业产业结构调整步伐加快，推广了平衡施肥、秸秆还田、增施农家肥与保墒耕作等技术。特别是2008年以来，连续3年实施了测土配方施肥项目，使全县施肥更合理、更科学。加上退耕还林、雁门关生态畜牧、基本口粮田建设、中低产田改造、耕地综合生产能力建设、户用沼气、新型农民科技培训、设施农业、新农村建设等一批项目的实施，土壤结构改良剂、精制有机肥、抗旱保水剂、配方肥、复合肥等新型肥料的使用，农业大环境得到了有效改变。近年来，随着科学发展观的贯彻落实，环境保护力度不断加大，政府加大了对农业的投入，并采取了一系列的有效措施，农田环境日益好转，全县农业生产正逐步向优质、高产、高效、安全迈进。

第二章　耕地地力调查与质量评价的内容与方法

根据《耕地地力调查与质量评价技术规程》和《全国测土配方施肥技术规范》（以下简称《规程》和《规范》）的要求，通过肥料效应田间试验、样品采集与制备、田间基本情况调查、土壤与植株测试、肥料配方设计、配方肥料合理使用、效果反馈与评价、数据汇总、报告撰写等内容、方法与操作规程和耕地地力评价方法的工作过程，进行耕地地力调查和质量评价。这次调查和评价是基于 4 个方面进行的。一是通过耕地地力调查与评价，合理调整农业结构、满足市场对农产品多样化、优质化的要求以及经济发展的需要；二是全面了解耕地质量现状，为无公害农产品、绿色食品、有机食品生产提供科学依据，为人民提供健康安全食品；三是针对耕地土壤的障碍因子，提出中低产田改造、防止土壤退化及修复已污染土壤的意见和措施，提高耕地综合生产能力；四是通过调查，建立神池县耕地资源信息管理系统和测土配方施肥专家咨询系统，对耕地质量和测土配方施肥实行计算机网络管理，形成较为完善的测土配方施肥数据库，为农业增产增效、农民增收提供科学决策依据，保证农业可持续发展。

第一节　工作准备

一、组织准备

由山西省农业厅牵头成立测土配方施肥和耕地地力调查领导组、专家组、技术指导组，神池县成立相应的领导组、办公室、野外调查队和室内资料数据汇总组。

二、物质准备

根据《规程》和《规范》的要求，进行了充分的物质准备。先后配备了 GPS 定位仪、不锈钢土钻、计算机、钢卷尺、100 立方厘米环刀、土袋、可封口塑料袋、水样瓶、水样固定剂、化验药品、化验室仪器以及调查表格等。并在原来土壤化验室基础上，进行必要补充和维修，为全面调查和室内化验分析做好充分的物质准备。

三、技术准备

领导组聘请农业系统有关专家及第二次土壤普查有关人员，组成技术指导组，根据《规程》和《山西省 2005 年区域性耕地地力调查与质量评价实施方案》及《规范》，制定了《神池县测土配方施肥技术规范及耕地地力调查与质量评价技术规程》，并编写了技术培训教材。在采样调查前对采样调查人员进行认真、系统的技术培训。

四、资料准备

按照《规程》和《规范》的要求，收集了神池县行政规划图、地形图、第二次土壤普查成果图、土地利用现状图、农田水利分区图等图件。收集了第二次土壤普查成果资料，基本农田保护区地块基本情况，基本农田保护区划统计资料，退耕还林规划，肥料、农药使用品种及数量、肥力动态监测等资料。

第二节　室内预研究

一、确定采样点位

（一）布点与采样原则

为了使土壤调查所获取的信息具有一定的典型性和代表性，提高工作效率，节省人力和资金。采样点参考县级土壤图，做好采样规划设计，确定采样点位。实际采样时严禁随意变更采样点，若有变更须注明理由。在布点和采样时主要遵循了以下原则：一是布点具有广泛的代表性，同时兼顾均匀性。根据土壤类型、土地利用等因素，将采样区域划分为若干个采样单元，每个采样单元的土壤性状要尽可能均匀一致；二是耕地地力调查尽可能在全国第二次土壤普查时的剖面或农化样取样点上布点；三是采集的样品具有典型性，能代表其对应的评价单元最明显、最稳定、最典型的特征，尽量避免各种非调查因素的影响；四是所调查农户随机抽取，按照事先所确定采样地点寻找符合基本采样条件的农户进行，采样在符合要求的同一农户的同一地块内进行。

（二）布点方法

按照《规程》和《规范》，结合神池县实际，将大田样点密度定为平原区、丘陵区平均每 200 亩一个点位，实际布设大田样点 6 900 个。一是依据山西省第二次土壤普查土种归属表，把那些图斑面积过小的土种，适当合并至母质类型相同、质地相近、土体构型相似的土种，修改编绘出新的土种图；二是将归并后的土种图与土地利用现状图叠加，形成评价单元；三是根据评价单元的个数及相应面积，在样点总数的控制范围内，初步确定不同评价单元的采样点数；四是在评价单元中，根据图斑大小、种植制度、作物种类、产量水平等因素的不同，确定布点数量和点位，并在图上予以标注。点位尽可能选在第二次土壤普查时的典型剖面取样点或农化样品取样点上；五是不同评价单元的取样数量和点位确定后，按照土种、作物品种、产量水平等因素，分别统计其相应的取样数量。当某一因素点位数过少或过多时，再根据实际情况进行适当调整。

二、确定采样方法

（一）大田土样采集方法

1. 采样时间 在大田作物收获后、秋播作物施肥前进行。按叠加图上确定的调查点位去野外采集样品。通过向农民实地了解当地的农业生产情况，确定最具代表性的同一农户的同一块田采样，田块面积均在 1 亩以上，并用 GPS 定位仪确定地理坐标和海拔高程，记录经纬度，精确到 0.1″。依此准确方位修正点位图上的点位位置。

2. 调查、取样 向已确定采样田块的户主，按农户地块调查表格的内容逐项进行调查并认真填写。调查严格遵循实事求是的原则，对那些说不清楚的农户，通过访问地力水平相当、位置基本一致的其他农户或对实物进行核对推算。采样主要采用“S”法，均匀随机采取 15～20 个采样点，充分混合后，四分法留取 1 千克组成一个土壤样品，并装入已准备好的土袋中。

3. 采样工具 主要采用不锈钢土钻，采样过程中努力保持土钻垂直，样点密度均匀，基本符合厚薄、宽窄、数量的均匀特征。

4. 采样深度 为 0～20 厘米耕作层土样。

5. 采样记录 填写两张标签，土袋内外各具，注明采样编号、采样地点、采样人、采样日期等。采样同时，填写大田采样点基本情况调查表和大田采样点农户调查表。

（二）土壤容重采样方法

大田土壤选择 5～15 厘米土层打环刀，打 3 个环刀。蔬菜地普通样口在 10～25 厘米。剖面样品在每层中部位置打环刀，每层打 3 个环刀。土壤容重点位和大田样点、菜田样点或土壤质量调查样点相吻合。

三、确定调查内容

根据《规范》的要求，按照“测土配方施肥采样地块基本情况调查表”认真填写。这次调查的范围是基本农田保护区耕地和园地，包括蔬菜、果园和其他经济作物田。调查内容主要有 4 个方面：一是与耕地地力评价相关的耕地自然环境条件，农田基础设施建设水平和土壤理化性状，耕地土壤障碍因素和土壤退化原因等；二是与农产品品质相关的耕地土壤环境状况，如土壤的富营养化、养分不平衡与缺乏微量元素；三是与农业结构调整密切相关的耕地土壤适宜性问题等；四是农户生产管理情况调查。

以上资料的获得，一是利用第二次土壤普查和土地利用详查等现有资料，通过收集整理而来；二是采用以点带面的调查方法，经过实地调查访问农户获得的；三是对所采集样品进行相关分析化验后取得；四是将所有有限的资料、农户生产管理情况调查资料、分析数据录入到计算机中，并经过矢量化处理形成数字化图件、插值，使每个地块均具有各种资料信息，来获取相关资料信息。这些资料和信息，对分析耕地地力评价与耕地质量评价结果及影响因素具有重要意义。如通过分析农户投入和生产管理对耕地地力土壤环境的影响，分析农民现阶段投入成本与耕地质量直接的关系，有利于提高成果的现实性，引起各级领导的关注。通过对每个地块资源的充实完善，可以从微观角度，对土、肥、气、热、水资源运行情况有更周密的了解，提出管理措施和对策，指导农民进行资源合理利用和分配。通过对全部信息资料的了解和掌握，可以宏观调控资源配置，合理调整农业产业结构，科学指导农业生产。

四、确定分析项目和方法

根据《规程》及《山西省耕地地力调查及质量评价实施方案》和《规范》规定，土壤质量调查样品检测项目为：pH、有机质、全氮、碱解氮、全磷、有效磷、全钾、速效钾、缓效钾、有效硫、阳离子交换量、有效铜、有效锌、有效铁、有效锰、水溶性硼、有效钼17个项目；其分析方法均按全国统一规定的测定方法进行。

五、确定技术路线

确定技术路线见图2-1。

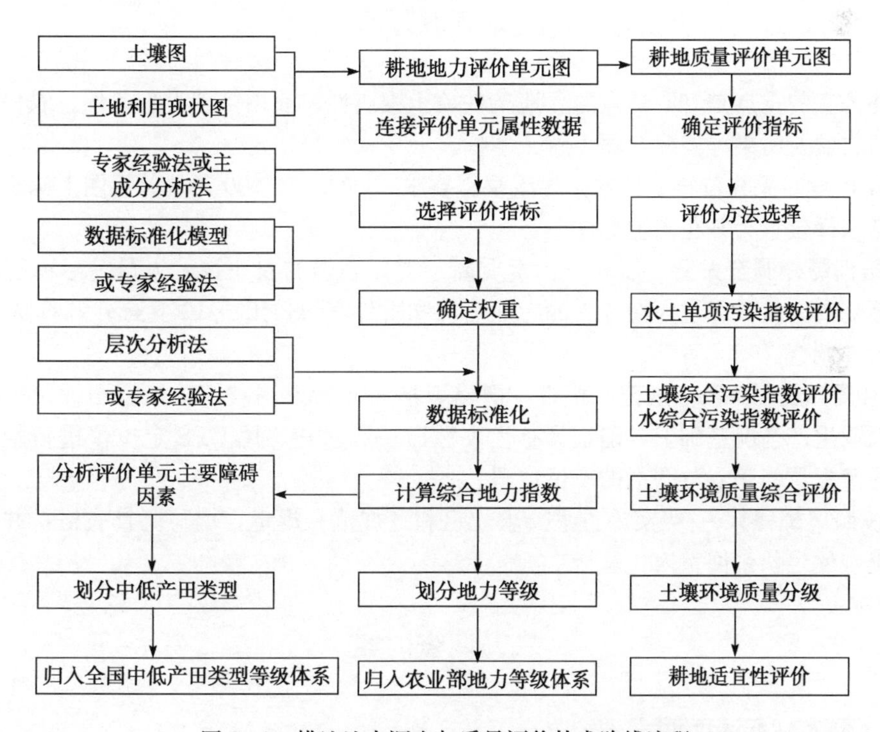

图2-1　耕地地力调查与质量评价技术路线流程

1. 确定评价单元　利用基本土壤图和土地利用现状图叠加的图斑为基本评价单元。相似相近的评价单元至少采集一个土壤样品进行分析，在评价单元图上连接评价单元属性数据库，用计算机绘制各评价因子图。

2. 确定评价因子　根据全国、省级耕地地力评价指标体系并通过农科教专家论证来选择神池县县域耕地地力评价因子。

3. 确定评价因子权重 用模糊数学德尔菲法和层次分析法将评价因子标准数据化，并计算出每一评价因子的权重。

4. 数据标准化 选用隶属函数法和专家经验法等数据标准化方法，对评价指标进行数据标准化处理，对定性指标要进行数值化描述。

5. 综合地力指数计算 用各因子的地力指数累加得到每个评价单元的综合地力指数。

6. 划分地力等级 根据综合地力指数分布的累积频率曲线法或等距法，确定分级方案，并划分地力等级。

7. 归入全国耕地地力等级体系 依据《全国耕地类型区、耕地地力等级划分》(NY/T 309—1996)，归纳整理各级耕地地力要素主要指标，结合专家经验，将各级耕地地力归入全国耕地地力等级体系。

8. 划分中低产田类型 依据《全国中低产田类型划分与改良技术规范》(NY/T 310—1996)，分析评价单元耕地土壤主要障碍因素，划分并确定中低产田类型。

第三节 野外调查及质量控制

一、调查方法

野外调查的重点是对取样点的立地条件、土壤属性、农田基础设施条件、农户栽培管理成本、收益及污染等情况全面了解、掌握。

1. 室内确定采样位置 技术指导组根据要求，在1∶10 000评价单元图上确定各类型采样点的采样位置，并在图上标注。

2. 培训野外调查人员 抽调技术素质高、责任心强的农业技术人员，尽可能抽调第二次土壤普查人员，经过为期3天的专业培训和野外实习，组成10支野外调查队，共28人参加野外调查。

3. 根据《规程》和《规范》要求，严格取样 各野外调查支队根据图标位置，在了解农户农业生产情况基础上，确定具有代表性田块和农户，用GPS定位仪进行定位，依据田块准确方位修正点位图上的点位位置。

4. 按照《规程》、省级实施方案要求规定和《规范》规定，填写调查表格，并将采集的样品统一编号，带回室内化验。

二、调查内容

(一) 基本情况调查项目

1. 采样地点和地块 地址名称采用民政部门认可的正式名称。地块采用当地的通俗名称。

2. 经纬度及海拔高度 由GPS定位仪进行测定。

3. 地形地貌 以形态特征划分为五大地貌类型，即山地、丘陵、平原、高原及盆地。

4. 地形部位 指中小地貌单元。主要包括河漫滩、一级阶地、二级阶地、高阶地、坡地、梁地、垣地、峁地、山地、沟谷、洪积扇（上、中、下）、倾斜平原、河槽地、冲积平原。

5. 坡度　一般分为＜2.0°、2.1°～5.0°、5.1°～8.0°、8.1°～15.0°、15.1°～25.0°、≥25.0°。

6. 侵蚀情况　按侵蚀种类和侵蚀程度记载，根据土壤侵蚀类型可划分为水蚀、风蚀、重力侵蚀、冻融侵蚀、混合侵蚀等。侵蚀程度通常分为无明显、轻度、中度、强度、极强度等6级。

7. 潜水深度　指地下水深度，分为深位（3～5米）、中位（2～3米）、浅位（＜2米）。

8. 家庭人口及耕地面积　指每个农户实有的人口数量和种植耕地面积（亩）。

（二）土壤性状调查项目

1. 土壤名称　统一按第二次土壤普查时的连续命名法填写，详细到土种。

2. 土壤质地　国际制；全部样品均需采用手摸测定；质地分为：沙土、沙壤、壤土、黏壤、黏土5级。室内选取10%的样品采用比重计法（粒度分布仪法）测定。

3. 质地构型　指不同土层之间质地构造变化情况。一般可分为通体壤、通体黏、通体沙、黏夹沙、底沙、壤夹黏、多砾、少砾、夹砾、底砾、少姜、多姜等。

4. 耕层厚度　用铁锹垂直铲下去，用钢卷尺按实际进行测量确定。

5. 障碍层次及深度　主要指沙土、黏土、砾石、料姜等所发生的层位、层次及深度。

6. 土壤母质　按成因类型分为保德红土、残积物、河流冲积物、洪积物、黄土状冲积物、离石黄土、马兰黄土等类型。

（三）农田设施调查项目

1. 地面平整度　按大范围地形坡度分为平整（＜2°）、基本平整（2°～5°）、不平整（＞5°）。

2. 梯田化水平　分为地面平坦、园田化水平高，地面基本平坦、园田化水平较高，高水平梯田，缓坡梯田，新修梯田，坡耕地6种类型。

3. 灌溉保证率　分为充分满足、基本满足、一般满足、无灌溉条件4种情况或按灌溉保证率（%）计。

4. 排涝能力　分为强、中、弱3级。

（四）生产性能与管理情况调查项目

1. 种植（轮作）**制度**　分为一年一熟、一年两熟、两年三熟等。

2. 作物（蔬菜）**种类与产量**　指调查地块上年度主要种植作物及其平均产量。

3. 耕翻方式及深度　指翻耕、旋耕、耙地、耱地、中耕等。

4. 秸秆还田情况　分翻压还田、覆盖还田等。

5. 设施类型棚龄或种菜年限　分为薄膜覆盖、塑料拱棚、温室等，棚龄以正式投入算起。

6. 年度施肥情况　包括有机肥、氮肥、磷肥、钾肥、复合（混）肥、微肥、叶面肥、微生物肥及其他肥料施用情况，有机肥要注明类型，化肥指纯养分。

7. 上年度生产成本　包括化肥、有机肥、农药、农膜、种子（种苗）、机械人工及其他。

8. 上年度农药使用情况　农药作用次数、品种、数量。

9. 产品销售及收入情况。

10. 作物品种及种子来源。

11. 蔬菜效益 指当年纯收益。

三、采样数量

在神池县84.61万亩耕地上，共采集大田土壤样品6 900个，试验田土样50个。

四、采样控制

野外调查采样是此次调查评价的关键。既要考虑采样代表性、均匀性，也要考虑采样的典型性。根据神池县的区划划分特征，分别在高山区的山前倾斜平原、丘陵区、中低山区、丘涧坪地区、沟谷川及不同作物类型、不同地力水平的农田严格按照《规程》和《规范》要求均匀布点，并按图标布点实地核查后进行定点采样，保证了调查采样质量。

第四节 样品分析及质量控制

一、分析项目及方法

（一）物理性状

土壤容重：采用环刀法测定。

（二）化学性状

土壤样品

（1）pH：土液比1∶2.5，电位法测定。

（2）有机质：采用油浴加热重铬酸钾氧化容量法测定。

（3）全磷：采用氢氧化钠熔融——钼锑抗比色法测定。

（4）有效磷：采用碳酸氢钠或氟化铵—盐酸浸提——钼锑抗比色法测定。

（5）全钾：采用氢氧化钠熔融——火焰光度计或原子吸收分光光度计法测定。

（6）速效钾：采用乙酸铵浸提——火焰光度计或原子吸收分光光度计法测定。

（7）全氮：采用凯氏蒸馏法测定。

（8）碱解氮：采用碱解扩散法测定。

（9）缓效钾：采用硝酸提取——火焰光度法测定。

（10）有效铜、锌、铁、锰：采用DTPA提取—原子吸收光谱法测定。

（11）有效钼：采用草酸—草酸铵浸提——极谱法草酸－草酸铵提取、极谱法测定。

（12）水溶性硼：采用沸水浸提——甲亚胺—H比色法或姜黄素比色法测定。

（13）有效硫：采用磷酸盐—乙酸或氯化钙浸提——硫酸钡比浊法测定。

（14）有效硅：采用柠檬酸浸提——硅钼蓝色比色法测定。

（15）交换性钙和镁：采用乙酸铵提取——原子吸收光谱法测定。

（16）阳离子交换量：采用EDTA—乙酸铵盐交换法测定。

二、分析测试质量控制

分析测试质量主要包括野外调查取样后样品风干、处理与实验室分析化验质量，其质量的控制是调查评价的关键。

（一）样品风干及处理

常规样品如大田样品、果园土壤样品，及时放置在干燥、通风、卫生、无污染的室内风干，风干后送化验室处理。

将风干后的样品平铺在制样板上，用木棍或塑料棍碾压，并将植物残体、石块等侵入体和新生体剔除干净。细小已断的植物须根，可采用静电吸附的方法清除。压碎的土样用2毫米孔径筛过筛，未通过的土粒重新碾压，直至全部样品通过2毫米孔径筛为止。通过2毫米孔径筛的土样可供pH、盐分、交换性能及有效养分等项目的测定。

将通过2毫米孔径筛的土样用四分法取出一部分继续碾磨，使之全部通过0.25毫米孔径筛，供有机质、全氮、碳酸钙等项目的测定。

用于微量元素分析的土样，其处理方法同一般化学分析样品，但在采样、风干、研磨、过筛、运输、储存等诸环节都要特别注意，不要接触容易造成样品污染的铁、铜等金属器具。采样、制样推荐使用不锈钢、木、竹或塑料工具，过筛使用尼龙网筛等。通过2毫米孔径尼龙筛的样品可用于测定土壤有效态微量元素。

将风干土样反复碾碎，用2毫米孔径筛过筛。留在筛上的碎石称量后保存，同时将过筛的土壤称重，计算石砾质量百分数。将通过2毫米孔径筛的土样混匀后盛于广口瓶内，用于颗粒分析及其他物理性质测定。若风干土样中有铁锰结核、石灰结核、铁子或半风化体，不能用木棍碾碎，应首先将其细心拣出称量保存，然后再进行碾碎。

（二）实验室质量控制

1. 在测试前采取的主要措施

（1）按《规程》要求制订了周密的采样方案，尽量减少采样误差（把采样作为分析检验的一部分）。

（2）正式开始分析前，对检验人员进行了为期2周的培训：对监测项目、监测方法、操作要点、注意事项一一进行培训，并进行了质量考核，为监验人员掌握了解项目分析技术、提高业务水平、减少误差等奠定了基础。

（3）收样登记制度：制定了收样登记制度，将收样时间、制样时间、处理方法与时间、分析时间一一登记，并在收样时确定样品统一编码、野外编码及标签等，从而确保了样品的真实性和整个过程的完整性。

（4）测试方法确认（尤其是同一项目有几种检测方法时）：根据实验室现有条件，要求分析人员根据情况确立最终采取的分析方法。

（5）测试环境确认：为减少系统误差，对实验室温湿度、试剂、用水、器皿等一一检验，保证其符合测试条件。对有些相互干扰的项目分开实验室进行分析。

（6）检测用仪器设备及时进行计量检定，定期进行运行状况检查。

2. 在检测中采取的主要措施

（1）仪器使用实行登记制度，并及时对仪器设备进行检查维修和调整。

（2）严格执行项目分析标准或规程，确保测试结果准确性。

（3）坚持平行试验、必要的重显性试验，控制精密度，减少随机误差。

每个项目开始分析时每批样品均须做100%平行样品，结果稳定后，平行次数减少50%，最少保证做10%～15%平行样品。每个化验人员都自行编入明码样做平行测定，质控员编入10%密码样进行质量控制。

平行双样测定结果的误差在允许的范围之内为合格；平行双样测定全部不合格者，该批样品须重新测定；平行双样测定合格率小于95%时，除对不合格的重新测定外，再增加10%～20%的平行测定率，直到总合格率达95%。

（4）坚持带质控样进行测定：

①与标准样对照。分析中，每批次带标准样品10%～20%，在测定的精密度合格的前提下，标准样测定值在标准保证值（95%的置信水平）范围的为合格，否则本批结果无效，进行重新分析测定。

②加标回收法。灌溉水样由于无标准物质或质控样品，采用加标回收试验来测定准确度。

加标率，在每批样品中，随机抽取10%～20%试样进行加标回收测定。

加标量，被测组分的总量不得超出方法的测定上限。加标浓度宜高，体积应小，不应超过原定试样体积的1%。

加标回收率在90%～110%的为合格。

$$加标回收率（\%）=\frac{测得总量-样品含量}{标准加入量}\times 100$$

根据回收率大小，也可判断是否存在系统误差。

（5）注重空白试验：全程空白值是指用某一方法测定某物质时，除样品中不含该物质外，整个分析过程中引起的信号值或相应浓度值。它包含了试剂、蒸馏水中杂质带来的干扰，从待测试样的测定值中扣除，可消除上述因素带来的系统误差。如果空白值过高，则要找出原因，采取其他措施（如提纯试剂、更新试剂、更换容器等）加以消除。保证每批次样品做2个以上空白样，并在整个项目开始前按要求做全程序空白测定，每次做2个平行空白样，连测5天共得10个测定结果，计算批内标准偏差S_{wb}。

$$S_{wb}=[\sum(X_i-X_{平})^2/m(n-1)]^{1/2}$$

式中：n——每天测定平均样个数；

m——测定天数。

（6）做好校准曲线。比色分析中标准系列保证设置6个以上浓度点。根据浓度和吸光值按一元线性回归方程$Y=a+bX$计算其相关系数。

式中：Y——吸光度；

X——待测液浓度；

a——截距；

b——斜率。要求标准曲线相关系数r≥0.999。

校准曲线控制：①每批样品皆需做校准曲线；②标准曲线力求r≥0.999，且有良好重现性；③大批量分析时每测10～20个样品要用一标准液校验，检查仪器状况；④待测液浓度超标时不能任意外推。

(7) 用标准物质校核实验室的标准滴定溶液。标准物质的作用是校准。对测量过程中使用的基准纯、优级纯的试剂进行校验。校准合格才准用，确保量值准确。

(8) 详细、如实记录测试过程，使检测条件可再现、检测数据可追溯。对测量过程中出现的异常情况也及时记录，及时查找原因。

(9) 认真填写测试原始记录，测试记录做到：如实、准确、完整、清晰。记录的填写、更改均制定了相应制度和程序。当测试由一人读数一人记录时，记录人员复读多次所记的数字，减少误差发生。

3. 检测后主要采取的技术措施

(1) 加强原始记录校核、审核，实行“三审三校”制度，对发现的问题及时研究、解决，或召开质量分析会，达成共识。

(2) 运用质量控制图预防质量事故发生：对运用均值—极差控制图的判断，参照《质量专业理论与实名》中的判断准则。对控制样品进行多次重复测定，由所得结果计算出控制样的平均值 X 及标准差 S（或极差 R），就可绘制均值—标准差控制图（或均值—极差控制图），纵坐标为测定值，横坐标为获得数据的顺序。将均值 X 作成与横坐标平行的中心级 CL，$X\pm3S$ 为上下警戒限 UCL 及 LCL，$X\pm2S$ 为上下警戒限 UWL 及 LWL，在进行试样例行分析时，每批带入控制样，根据差异判异准则进行判断。如果在控制限之外，该批结果为全部错误结果，则必须查出原因，采取措施，加以消除，除“回控”后再重复测定，并控制不再出现，如果控制样的结果落在控制限和警戒限之间，说明精密度已不理想，应引起注意。

(3) 控制检出限：检出限是指对某一特定的分析方法在给定的置信水平内，可以从样品中检测的待测物质的最小浓度或最小量。根据空白测定的批内标准偏差（S_{wb}）按下列公式计算检出限（95%的置信水平）。

①若试样一次测定值与零浓度试样一次测定值有显著性差异时，检出限（L）按下列公式计算：

$$L=2\times2^{1/2}t_f S_{wb}$$

式中：L——方法检出限；

t_f——显著水平为 0.05（单侧）、自由度为 f 的 t 值；

S_{wb}——批内空白值标准偏差；

f——批内自由度，$f=m(n-1)$，m 为重复测定次数，n 为平行测定次数。

②原子吸收分析方法中检出限计算：$L=3\ S_{wb}$。

③分光光度法以扣除空白值后的吸光值为 0.010 相对应的浓度值为检出限。

(4) 及时对异常情况处理：

①异常值的取舍。对检测数据中的异常值，按 GB/T 4883 标准规定采用 Grubbs 法或 Dixon 法加以判断处理。

②因外界干扰（如停电、停水），检测人员应终止检测，待排除干扰后重新检测，并记录干扰情况。当仪器出现故障时，故障排除后校准合格的，方可重新检测。

(5) 使用计算机采集、处理、运算、记录、报告、存储检测数据时，应制定相应的控制程序。

（6）检验报告的编制、审核、签发。检验报告是实验工作的最终结果，是试验室的产品，因此对检验报告质量要高度重视。检验报告应做到完整、准确、清晰、结论正确。必须坚持三级审核制度，明确制表、审核、签发的职责。

除此之外，为保证分析化验质量，提高实验室之间分析结果的可比性，山西省土壤肥料工作站抽查5%～10%样品在省测试中心进行复核，并编制密码样，对实验室进行质量监督和控制。

4. 技术交流 在分析过程中，发现问题及时交流，改进方法，不断提高技术水平。

5. 数据录入 分析数据按规程和方案要求审核后编码整理，和采样点一一对照，确认无误后进行录入。采取双人录入相互对照的方法，保证录入正确率。

第五节　评价依据、方法及评价标准体系的建立

一、评价原则依据

经专家评议，神池县确定了12个因子为耕地地力评价指标。

1. 立地条件 指耕地土壤的自然环境条件，它包含与耕地与质量直接相关的地貌类型及地形部位、成土母质、地面坡度等。

（1）地貌类型及其特征描述：神池县由平川到山地垂直分布的主要地形地貌有山间交接洼地、沟谷川地、丘涧坪地、倾斜平原、中低山、高山。

（2）成土母质及其主要分布：在神池县耕地上分布的母质类型有洪积物、冲积物、残积物、黄土质、黄土状等母质。

（3）地面坡度：地面坡度反映水土流失程度，直接影响耕地地力。神池县将地面坡度小于25°的耕地依坡度大小分成6级（＜2.0°、2.1°～5.0°、5.1°～8.0°、8.1°～15.0°、15.1°～25.0°、≥25.0°）进入地力评价系统。

2. 土壤属性

（1）土体构型：指土壤剖面中不同土层间质地构造变化情况，直接反映土壤发育及障碍层次，影响根系发育、水肥保持及有效供给，包括有效土层厚度、耕作层厚度、质地构型等3个因素。

①有效土层厚度。指土壤层和松散的母质层之和，按其厚度（厘米）深浅从高到低依次分为6级（＞150、101～150、76～100、51～75、26～50、≤25）进入地力评价系统。

②耕层厚度。按其厚度（厘米）深浅从高到低依次分为6级（＞30、26～30、21～25、16～20、11～15、≤10）进入地力评价系统。

③质地构型。神池县耕地质地构型主要分为通体型（包括通体壤、通体黏、通体沙）、夹沙（包括壤夹沙、黏夹沙）、底沙、夹黏（包括壤夹黏、沙夹黏）、深黏、夹砾、底砾、通体少砾、通体多砾、通体少姜、浅姜、通体多姜等。

（2）耕层土壤理化性状：分为较稳定的理化性状（容重、质地、有机质、盐渍化程度、pH）和易变化的化学性状（有效磷、速效钾）两大部分。

①质地：影响水肥保持及耕作性能。按卡庆斯基制的6级划分体系来描述，分别为沙土、沙壤、轻壤、中壤、重壤、黏土。

②有机质：土壤肥力的重要指标，直接影响耕地地力水平。按其含量（克/千克）从高到低依次分为6级（>25.00、20.01～25.00、15.01～20.00、10.01～15.00、5.01～10.00、≤5.00）进入地力评价系统。

③pH：过大或过小，作物生长发育受抑。按照神池县耕地土壤的pH范围，按其测定值由低到高依次分为6级（6.0～7.0、7.0～7.9、7.9～8.5、8.5～9.0、9.0～9.5、≥9.5）进入地力评价系统。

④有效磷：按其含量（毫克/千克）从高到低依次分为6级（>25.00、20.1～25.00、15.1～20.00、10.1～15.00、5.1～10.00、≤5.00）进入地力评价系统。

⑤速效钾：按其含量（毫克/千克）从高到低依次分为6级（>200、151～200、101～150、81～100、51～80、≤50）进入地力评价系统。

3. 农田基础设施条件　梯（园）田化水平：按园田化和梯田类型及其熟化程度分为地面平坦、园田化水平高，地面基本平坦、园田化水平较高，高水平梯田，缓坡梯田、熟化程度5年以上，新修梯田，坡耕地6种类型。

二、评价方法及流程

耕地地力评价

1. 技术方法

（1）文字评述法：对一些概念性的评价因子（如地形部位、土壤母质、质地构型、质地、梯田化水平、盐渍化程度等）进行定性描述。

（2）专家经验法（德尔菲法）：在全省农科教系统邀请土肥界具有一定学术水平和农业生产实践经验的34名专家，参与评价因素的筛选和隶属度确定（包括概念型和数值型评价因子的评分），见表2-1。

表2-1　评价因素的筛选和隶属度

因　子	平均值	众数值	建议值
立地条件（C_1）	1.60	1 (17)	1
土体构型（C_2）	3.70	3 (15) 5 (13)	3
较稳定的理化性状（C_3）	4.47	3 (13) 5 (10)	4
易变化的化学性状（C_4）	4.20	5 (13) 3 (11)	5
农田基础建设（C_5）	1.47	1 (17)	1
地形部位（A_1）	1.80	1 (23)	1
成土母质（A_2）	3.90	3 (9) 5 (12)	5
地形坡度（A_3）	3.10	3 (14) 5 (7)	3
有效土层厚度（A_4）	2.80	1 (14) 3 (9)	1
耕层厚度（A_5）	2.70	3 (17) 1 (10)	3
剖面构型（A_6）	2.80	1 (12) 3 (11)	1

（续）

因　子	平均值	众数值	建议值
耕层质地（A_7）	2.90	1 (13) 5 (11)	1
有机质（A_9）	2.70	1 (14) 3 (11)	3
pH（A_{11}）	4.50	3 (10) 7 (10)	5
有效磷（A_{12}）	1.0	1 (31)	1
速效钾（A_{13}）	2.70	3 (16) 1 (10)	3
园（梯）田化水平（A_{15}）	4.50	5 (15) 7 (7)	5

（3）模糊综合评判法：应用这种数理统计的方法对数值型评价因子（如地面坡度、有效土层厚度、耕层厚度、土壤容重、有机质、有效磷、速效钾、酸碱度等）进行定量描述，即利用专家给出的评分（隶属度）建立某一评价因子的隶属函数。见表 2－2。

表 2－2　神池县耕地地力评价数值型因子分级及其隶属度

评价因子	量纲	1 级	2 级	3 级	4 级	5 级	6 级
		量值	量值	量值	量值	量值	量值
地面坡度	°	<2.0	2.0～5.0	5.1～8.0	8.1～15.0	15.1～25.0	≥25
有效土层厚度	厘米	>150	101～150	76～100	51～75	26～50	≤25
耕层厚度	厘米	>30	26～30	21～25	16～20	11～15	≤10
土壤容重	克/立方厘米	≤1.10	1.11～1.20	1.21～1.27	1.28～1.35	1.36～1.42	>1.42
有机质	克/千克	>25.0	20.01～25.00	15.01～20.00	10.01～15.00	5.01～10.00	≤5.00
pH		6.7～7.0	7.1～7.9	8.0～8.5	8.6～9.0	9.1～9.5	≥9.5
有效磷	毫克/千克	>25.0	20.1～25.0	15.1～20.0	10.1～15.0	5.1～10.0	≤5.0
速效钾	毫克/千克	>200	151～200	101～150	81～100	51～80	≤50

（4）层次分析法：用于计算各参评因子的组合权重。本次评价，把耕地生产性能（即耕地地力）作为目标层（G 层），把影响耕地生产性能的立地条件、土体构型、较稳定的理化性状、易变化的化学性状、农田基础设施条件作为准则层（C 层），再把影响准则层中的各因素的项目作为指标层（A 层），建立耕地地力评价层次结构图。在此基础上，由 34 名专家分别对不同层次内各参评因素的重要性作出判断，构造出不同层次间的判断矩阵。最后计算出各评价因子的组合权重。

（5）指数和法：采用加权法计算耕地地力综合指数，即将各评价因子的组合权重与相应的因素等级分值（即由专家经验法或模糊综合评判法求得的隶属度）相乘后累加，如：

$$IFI = \sum B_i \times A_i (i = 1,2,3,\cdots,15)$$

式中：IFI——耕地地力综合指数；

B_1——第 i 个评价因子的等级分值；

A_1——第 i 个评价因子的组合权重。

2. 技术流程

（1）应用叠加法确定评价单元：把土地利用现状图、土壤图叠加形成的图斑作为评价单元。

(2) 空间数据与属性数据的连接：用评价单元图分别与各个专题图叠加，为每一评价单元获取相应的属性数据。根据调查结果，提取属性数据进行补充。

(3) 确定评价指标：根据全国耕地地力调查评价指数表，由山西省土壤肥料工作站组织 34 名专家，采用德尔菲法和模糊综合评判法确定神池县耕地地力评价因子及其隶属度。

(4) 应用层次分析法确定各评价因子的组合权重。

(5) 数据标准化：计算各评价因子的隶属函数，对各评价因子的隶属度数值进行标准化。

(6) 应用累加法计算每个评价单元的耕地地力综合指数。

(7) 划分地力等级：分析综合地力指数分布，确定耕地地力综合指数的分级方案，划分地力等级。

(8) 归入农业部地力等级体系：选择 10%的评价单元，调查近 3 年粮食单产（或用基础地理信息系统中已有资料），与以粮食作物产量为引导确定的耕地基础地力等级进行相关分析，找出两者之间的对应关系，将评价的地力等级归入农业部确定的等级体系（NY/T 309—1996　全国耕地类型区、耕地地力等级划分）。

(9) 采用 GIS、GPS 系统编绘各种养分图和地力等级图等图件。

三、评价标准体系建立

耕地地力评价标准体系建立

1. 耕地地力要素的层次结构　见图 2-2。

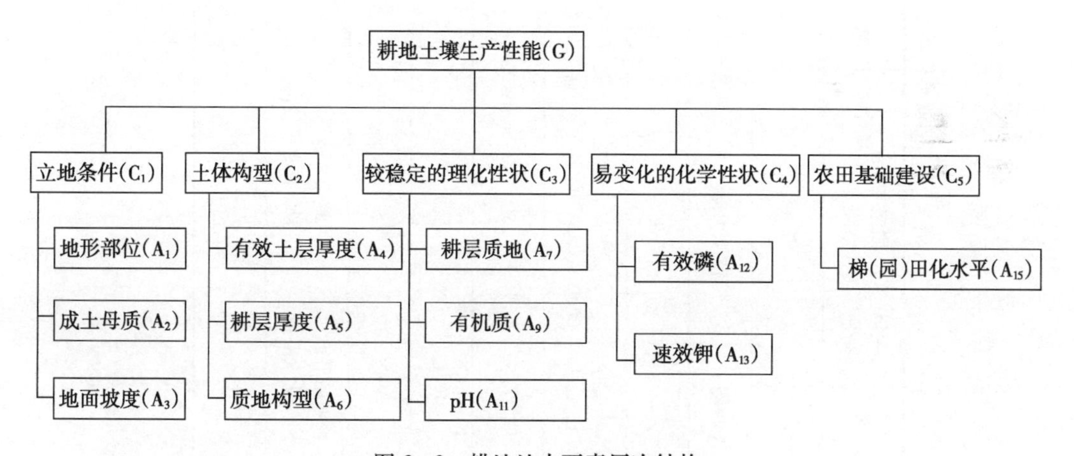

图 2-2　耕地地力要素层次结构

2. 耕地地力要素的隶属度

(1) 概念性评价因子：各评价因子的隶属度及其描述见表 2-3。

(2) 数值型评价因子：各评价因子的隶属函数（经验公式）见表 2-4。

3. 耕地地力要素的组合权重　应用层次分析法所计算的各评价因子的组合权重见表 2-5。

4. 耕地地力分级标准　神池县耕地地力分级标准见表 2-6。

表 2-3　神池县耕地地力评价概念性因子隶属度及其描述

地形部位	描述	河漫滩	一级阶地	二级阶地	高阶地	垣　地	洪积扇（上、中、下）			倾斜平原	梁　地	峁　地	坡　麓	沟　谷
	隶属度	0.7	1.0	0.9	0.7	0.4	0.4	0.6	0.8	0.8	0.2	0.2	0.1	0.6

母质类型	描述	洪积物	河流冲积物	黄土状冲积物	残积物	保德红土	马兰黄土	离石黄土
	隶属度	0.7	0.9	1.0	0.2	0.3	0.5	0.6

质地构型	描述	通体壤	黏夹沙	底沙	壤夹黏	壤夹沙	沙夹黏	通体黏	夹砾	底砾	少砾	多砾	少姜	浅姜	多姜	通体沙	浅钙积	夹白干	底白干
	隶属度	1.0	0.6	0.7	1.0	0.9	0.3	0.6	0.4	0.7	0.8	0.2	0.8	0.4	0.2	0.3	0.4	0.4	0.7

耕层质地	描述	沙土	沙壤	轻壤	中壤	重壤	黏土
	隶属度	0.2	0.6	0.8	1.0	0.8	0.4

耕（园）田化水平	描述	地面平坦园田化水平高	地面基本平坦园田化水平较高	高水平梯田	缓坡梯田熟化程度5年以上	新修梯田	坡耕地
	隶属度	1.0	0.8	0.6	0.4	0.2	0.1

表 2-4　神池县耕地地力评价数值型因子隶属函数

函数类型	评价因子	经验公式	C	Ut
戒下型	地面坡度（°）	$y=1/[1+6.492\times10^{-3}\times(u-c)^2]$	3.00	≥25.0
戒上型	有效土层厚度（厘米）	$y=1/[1+1.118\times10^{-4}\times(u-c)^2]$	160.00	≤25.0
戒上型	耕层厚度（厘米）	$y=1/[1+4.057\times10^{-3}\times(u-c)^2]$	33.80	≤10.0
戒上型	有机质（克/千克）	$y=1/[1+2.912\times10^{-3}\times(u-c)^2]$	28.40	≤5.0
戒下型	pH	$y=1/[1+0.5156\times(u-c)^2]$	7.00	≥9.5
戒上型	有效磷（毫克/千克）	$y=1/[1+3.035\times10^{-3}\times(u-c)^2]$	28.80	≤5.0
戒上型	速效钾（毫克/千克）	$y=1/[1+5.389\times10^{-5}\times(u-c)^2]$	228.76	≤50.0

表 2-5　神池县耕地评价采用的 12 项评价指标

指标层	准则层					组合权重
	C_1	C_2	C_3	C_4	C_5	$\sum C_iA_i$
	0.391 6	0.226 2	0.152 9	0.108 6	0.120 7	1.000 0
A_1　地形部位	0.595 3					0.233 1
A_2　成土母质	0.142 0					0.055 6
A_3　地面坡度	0.262 7					0.102 9
A_4　有效土层厚度		0.476 3				0.107 7
A_5　耕层厚度		0.181 0				0.040 9
A_6　质地构型		0.342 7				0.077 5
A_7　耕层质地			0.329 1			0.050 3
A_8　有机质			0.504 9			0.077 2
A_9　pH			0.166 0			0.025 4
A_{10}　有效磷				0.749 7		0.081 4
A_{11}　速效钾				0.250 3		0.027 2
A_{12}　园田化水平					1.000 0	0.120 7

表 2-6　神池县耕地地力等级标准

等　级	生产能力综合指数	面　积（亩）	占面积（%）
一	0.828～0.750	16 871.75	1.99
二	0.750～0.720	64 044.36	7.57
三	0.720～0.640	170 270.78	20.13
四	0.640～0.605	66 614.93	7.87
五	0.605～0.545	333 697.98	39.44
六	0.545～0.505	152 982.58	18.08
七	0.505～0.442	41 581.60	4.92

第六节　耕地资源管理信息系统建立

一、耕地资源管理信息系统的总体设计

总体目标

耕地资源信息系统以一个县行政区域内耕地资源为管理对象，应用GIS技术对辖区内的地形、地貌、土壤、土地利用、农田水利、土壤污染、农业生产基本情况、基本农田保护区等资料进行统一管理，构建耕地资源基础信息系统，并将此数据平台与各类管理模型结合，对辖区内的耕地资源进行系统的动态管理，为农业决策者、农民和农业技术人员提供耕地质量动态变化、土壤适宜性、施肥咨询、作物营养诊断等多方位的信息服务。

本系统行政单元为村，农田单元为基本农田保护块，土壤单元为土种，系统基本管理单元为土壤、基本农田保护块、土地利用现状叠加所形成的评价单元。

1. 系统结构　见图2-3。

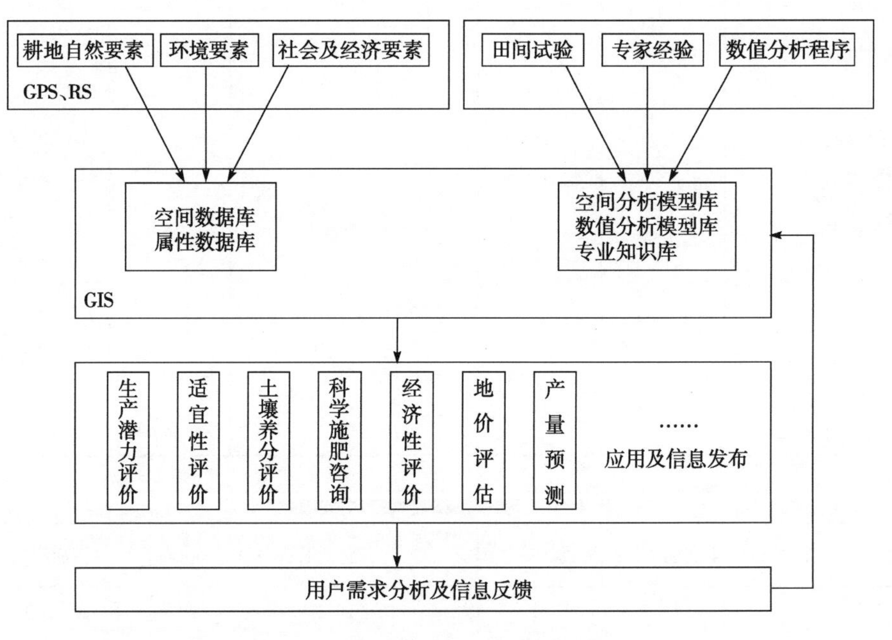

图2-3　耕地资源管理信息系统结构

2. 县域耕地资源管理信息系统建立工作流程　见图2-4。

3. CLRMIS、硬件配置

（1）硬件：Intel双核平台兼容机，≥2G的内存，≥250G硬盘，≥512M的显存，A4扫描仪，彩色喷墨打印机。

（2）软件：Windows XP，Excel 2003等。

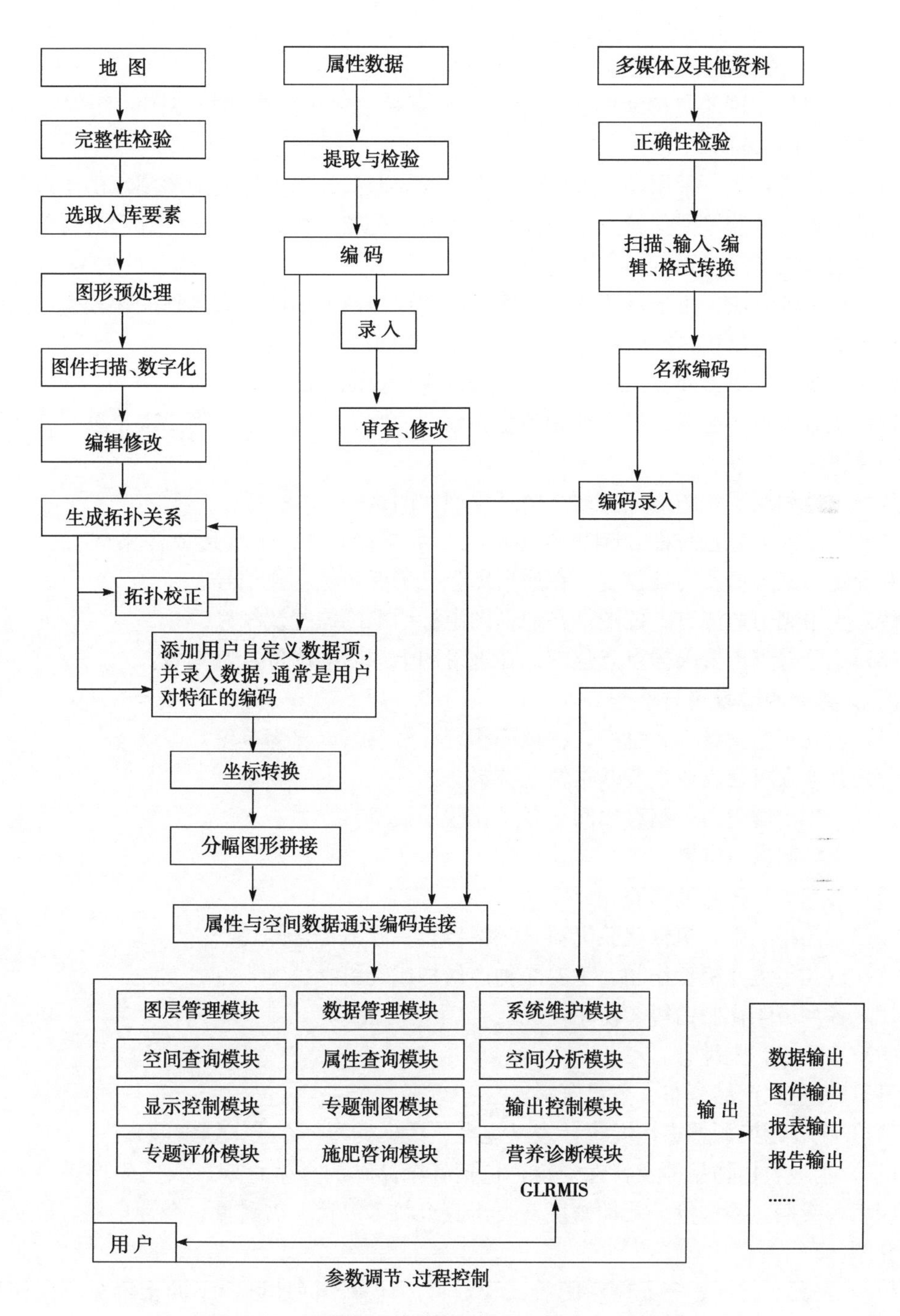

图 2-4　县域耕地资源管理信息系统建立工作流程

二、资料收集与整理

（一）图件资料收集与整理

图件资料指印刷的各类地图、专题图以及商品数字化矢量和栅格图。图件比例尺为1∶50 000和1∶10 000。

（1）地形图：统一采用中国人民解放军总参谋部测绘局测绘的地形图。由于近年来公路、水系、地形地貌等变化较大，因此采用水利、公路、规划、国土等部门的有关最新图件资料对地形图进行修正。

（2）行政区划图：由于近年撤乡并镇等工作致使部分地区行政区划变化较大，因此按最新行政区划进行修正，同时注意名称、拼音、编码等的一致。

（3）土壤图及土壤养分图：采用第二次土壤普查成果图。

（4）地貌类型分区图：根据地貌类型将辖区内农田分区，采用第二次土壤普查分类系统绘制成图。

（5）土地利用现状图：现有的土地利用现状图。

（6）主要污染源点位图：调查本地可能对水体、大气、土壤形成污染的矿区、工厂等，并确定污染类型及污染强度，在地形图上准确标明位置及编号。

（7）土壤肥力监测点点位图：在地形图上标明准确位置及编号。

（8）土壤普查土壤采样点点位图：在地形图上标明准确位置及编号。

（二）数据资料收集与整理

（1）近几年粮食单产、总产、种植面积统计资料（以村为单位）。

（2）其他农村及农业生产基本情况资料。

（3）历年土壤肥力监测点田间记载及化验结果资料。

（4）历年肥情点资料。

（5）县、乡、村名编码表。

（6）近几年土壤、植株化验资料（土壤普查、肥力普查等）。

（7）近几年主要粮食作物、主要品种产量构成资料。

（8）各乡历年化肥销售、使用情况。

（9）土壤志、土种志。

（10）特色农产品分布、数量资料。

（11）主要污染源调查情况统计表（地点、污染类型、方式、强度等）。

（12）当地农作物品种及特性资料，包括各个品种的全生育期、大田生产潜力、最佳播种期、移栽期、播种量、栽插密度、百千克籽粒需氮量、需磷量、需钾量等，以及品种特性介绍。

（13）一元、二元、三元肥料肥效试验资料，计算不同地区、不同土壤、不同作物品种的肥料效应函数。

（14）不同土壤、不同作物基础地力产量占常规产量比例资料。

(三) 文本资料收集与整理

(1) 全县及各乡(镇)基本情况描述。

(2) 各土种性状描述,包括其发生、发育、分布、生产性能、障碍因素等。

(四) 多媒体资料收集与整理

(1) 土壤典型剖面照片。

(2) 土壤肥力监测点景观照片。

(3) 当地典型景观照片。

(4) 特色农产品介绍(文字、图片)。

(5) 地方介绍资料(图片、录像、文字、音乐)。

三、属性数据库建立

(一) 属性数据内容

CLRMIS 主要属性资料及其来源见表 2-7。

表 2-7 CLRMIS 主要属性资料及其来源

编号	名　称	来　源
1	湖泊、面状河流属性表	水利局
2	堤坝、渠道、线状河流属性数据	水利局
3	交通道路属性数据	交通局
4	行政界线属性数据	农业局
5	耕地及蔬菜地灌溉水、回水分析结果数据	农业局
6	土地利用现状属性数据	国土局、卫星图片解译
7	土壤、植株样品分析化验结果数据表	本次调查资料
8	土壤名称编码表	土壤普查资料
9	土种属性数据表	土壤普查资料
10	基本农田保护块属性数据表	国土局
11	基本农田保护区基本情况数据表	国土局
12	地貌、气候属性表	土壤普查资料
13	县乡村名编码表	统计局

(二) 属性数据分类与编码

数据的分类编码是对数据资料进行有效管理的重要依据。编码的主要目的是节省计算机内存空间,便于用户理解使用。地理属性进入数据库之前进行编码是必要的,只有进行了正确的编码,空间数据库与属性数据库才能实现正确连接。编码格式有英文字母与数学组合。本系统主要采用数字表示的层次型分类编码体系,它能反映专题要素分类体系的基本特征。

(三) 建立编码字典

数据字典是数据库应用设计的重要内容,是描述数据库中各类数据及其组合的数据集合，也称元数据。地理数据库的数据字典主要用于描述属性数据，它本身是一个特殊用途的文件，在数据库整个生命周期里都起着重要的作用。它避免重复数据项的出现，并提供了查询数据的唯一入口。

（四）数据库结构设计

属性数据库的建立与录入可独立于空间数据库和 GIS 系统，可以在 Access、dBase、Foxbase 和 Foxpro 下建立，最终统一以 dBase 的 dbf 格式保存入库。下面以 dBase 的 dbf 数据库为例进行描述。

1. 湖泊、面状河流属性数据库 lake. dbf

字段名	属性	数据类型	宽度	小数位	量纲
lacode	水系代码	N	4	0	代码
laname	水系名称	C	20		
lacontent	湖泊贮水量	N	8	0	万立方米
laflux	河流流量	N	6		立方米/秒

2. 堤坝、渠道、线状河流属性数据 stream. dbf

字段名	属性	数据类型	宽度	小数位	量纲
ricode	水系代码	N	4	0	代码
riname	水系名称	C	20		
riflux	河流、渠道流量	N	6		立方米/秒

3. 交通道路属性数据库 traffic. dbf

字段名	属性	数据类型	宽度	小数位	量纲
rocode	道路编码	N	4	0	代码
roname	道路名称	C	20		
rograde	道路等级	C	1		
rotype	道路类型	C	1	（黑色/水泥/石子/土）	

4. 行政界线（省、市、县、乡、村）属性数据库 boundary. dbf

字段名	属性	数据类型	宽度	小数位	量纲
adcode	界线编码	N	1	0	代码
adname	界线名称	C	4		

adcode	name
1	国界
2	省界
3	市界
4	县界
5	乡界
6	村界

5. 土地利用现状属性数据库 * landuse. dbf

字段名	属性	数据类型	宽度	小数位	量纲
lucode	利用方式编码	N	2	0	代码

luname	利用方式名称	C	10		

＊土地利用现状分类表。

6. 土种属性数据表 soil. dbf

字段名	属性	数据类型	宽度	小数位	量纲
sgcode	土种代码	N	4	0	代码
stname	土类名称	C	10		
ssname	亚类名称	C	20		
skname	土属名称	C	20		
sgname	土种名称	C	20		
pamaterial	成土母质	C	50		
profile	剖面构型	C	50		
土种典型剖面有关属性数据：					
text	剖面照片文件名	C	40		
picture	图片文件名	C	50		
html HTML	文件名	C	50		
video	录像文件名	C	40		

＊土壤系统分类表。

7. 土壤养分（pH、有机质、氮等）属性数据库 nutr＊＊＊＊. dbf，本部分由一系列的数据库组成，视实际情况不同有所差异，如在盐碱土地区还包括盐分含量及离子组成等。

（1）pH 库 nutrph. dbf：

字段名	属性	数据类型	宽度	小数位	量纲
code	分级编码	N	4	0	代码
number	pH	N	4	1	

（2）有机质库 nutrom. dbf：

字段名	属性	数据类型	宽度	小数位	量纲
code	分级编码	N	4	0	代码
number	有机质含量	N	5	2	百分含量

（3）全氮量库 nutrN. dbf：

字段名	属性	数据类型	宽度	小数位	量纲
code	分级编码	N	4	0	代码
number	全氮含量	N	5	3	百分含量

（4）速效养分库 nutrP. dbf：

字段名	属性	数据类型	宽度	小数位	量纲
code	分级编码	N	4	0	代码
number	速效养分含量	N	5	3	毫克/千克

8. 基本农田保护块属性数据库 farmland. dbf

字段名	属性	数据类型	宽度	小数位	量纲

plcode	保护块编码	N	7	0	代码
plarea	保护块面积	N	4	0	亩
cuarea	其中耕地面积	N	6		
eastto	东至	C	20		
westto	西至	C	20		
sorthto	南至	C	20		
northto	北至	C	20		
plperson	保护责任人	C	6		
plgrad	保护级别	N	1		

9. 地貌、气候属性表 landform. dbf

字段名	属性	数据类型	宽度	小数位	量纲
landcode	地貌类型编码	N	2	0	代码
landname	地貌类型名称	C	10		
rain	降水量	C	6		

* 地貌类型编码表。

10. 基本农田保护区基本情况数据表 （略）。

11. 县、乡、村名编码表

字段名	属性	数据类型	宽度	小数位	量纲
vicodec	单位编码—县内	N	5	0	代码
vicoden	单位编码—统一	N	11		
viname	单位名称	C	20		
vinamee	名称拼音	C	30		

（五）数据录入与审核

数据录入前仔细审核，数值型资料注意量纲、上下限，地名应注意汉字多音字、繁简体、简全称等问题，审核定稿后再录入。录入后仔细检查，保证数据录入无误后，将数据库转为规定的格式（dBase 的 dbf 文件格式文件），再根据数据字典中的文件名编码命名后保存在规定的子目录下。

文字资料以 TXT 格式命名保存，声音、音乐以 MAV 或 MID 文件保存，超文本以 HTML 格式保存，图片以 BMP 或 JPG 格式保存，视频以 AVI 或 MPG 格式保存，动画以 GIF 格式保存。这些文件分别保存在相应的子目录下，其相对路径和文件名录入相应的属性数据库中。

四、空间数据库建立

（一）数据采集的工艺流程

在耕地资源数据库建设中，数据采集的精度直接关系到现状数据库本身的精度和今后的应用，数据采集的工艺流程是关系到耕地资源信息管理系统数据库质量的重要基础工作。因此对数据的采集制定了一个详尽的工艺流程。首先对收集的资料进行分类检查、整理与预处理；其次，按照图件资料介质的类型进行扫描，并对扫描图件进行扫描校正；再次，进行数据的分层矢量化采集、矢量化数据的检查；最后，对矢量化数据进行坐标投影转换与数据拼接工作以及数据、图形的综合检查和数据的分层与格式转换。

具体数据采集的工艺流程见图 2-5。

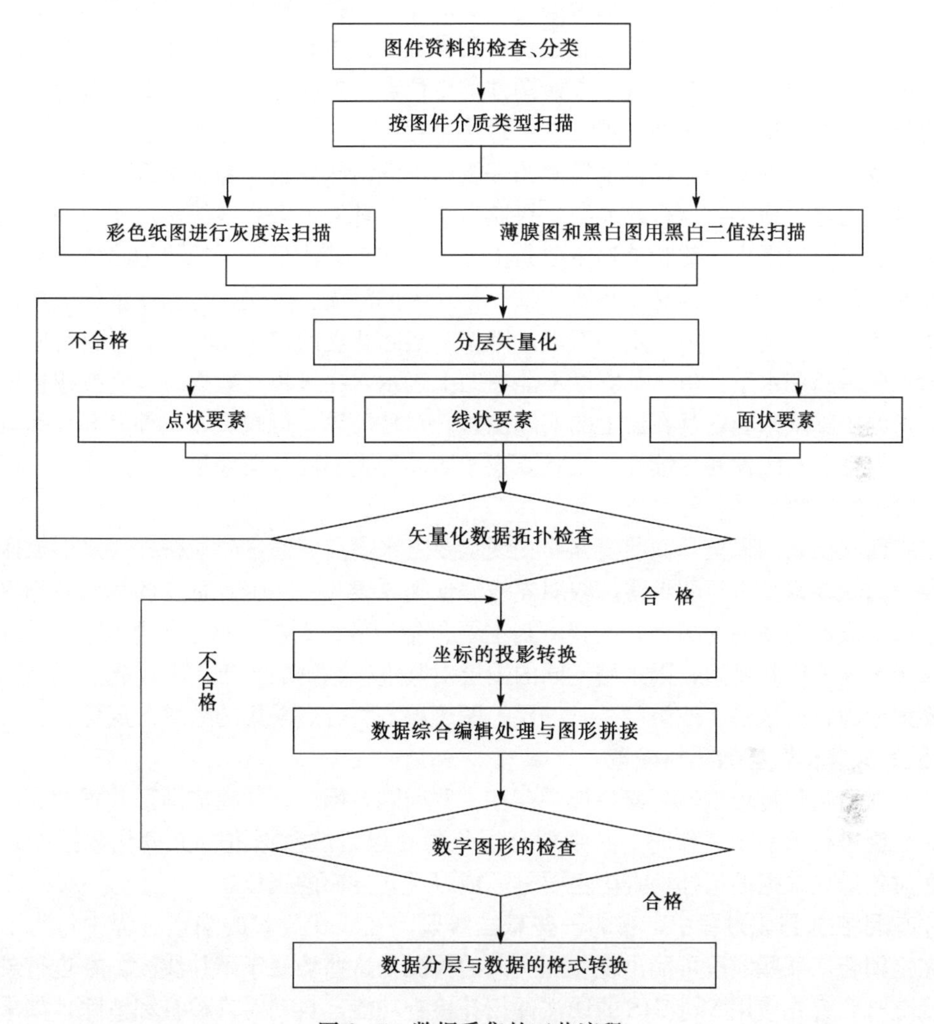

图 2-5　数据采集的工艺流程

（二）图件数字化

1. 图件的扫描　由于所收集的图件资料为纸介质的图件资料，所以采用灰度法进行扫描。扫描的精度为 300dpi。扫描完成后将文件保存为 *.TIF 格式。在扫描过程中，为了能够保证扫描图件的清晰度和精度，对图件先进行预见扫描。在预见扫描过程中，检查扫描图件的清晰度，其清晰度必须能够区分图内的各要素，然后利用 Lontex Fss8300 扫描仪自带的 CAD image/scan 扫描软件进行角度校正，角度校正后必须保证图幅下方两个内图廓点的连线与水平线的角度误差小于 0.2°。

2. 数据采集与分层矢量化　对图形的数字化采用交互式矢量化方法，确保图形矢量化的精度。在耕地资源信息系统数据库建设中需要采集的要素有：点状要素、线状要素和面状要素。由于所采集的数据种类较多，所以必须对所采集的数据按不同类型进行分层采集。

（1）点状要素的采集：可以分为两种类型，一种是零星地类，另一种是注记点。零星地类包括一些有点位的点状零星地类的无点位的零星地类。对于有点位的零星地类，在数据的分层矢量化采集时，将点标记置于点状要素的几何中心点，对于无点位的零星地类在分层矢量化采集时，将点标记置于原始图件的定位点。农化点位、污染源点位等注记点的采集按照原始图件资料中的注记点，在矢量化过程中一一标注相应的位置。

（2）线状要素的采集：在耕地资源图件资料上的线状要素主要有水系、道路、带有宽度的线状地物界、地类界、行政界线、权属界线、土种界、等高线等，对于不同类型的线状要素，进行分层采集。线状地物主要是指道路、水系、沟渠等，线状地物数据采集时考虑到有些线状地物，由于其宽度较宽，如一些较大的河流、沟渠，它们在地图上可以按照图件资料的宽度比例表示为一定的宽度，则按其实际宽度的比例在图上表示；有些线状地物，如一些道路和水系，由于其宽度不能在图上表示，在采集其数据时，则按栅格图上的线状地物的中轴线来确定其在图上的实际位置。对地类界、行政界、土种界和等高线数据的采集，保证其封闭性和连续性。线状要素按照其种类不同分层采集、分层保存，以备数据分析时进行利用。

（3）面状要素的采集：面状要素要在线状要素采集后，通过建立拓扑关系形成区后进行，由于面状要素是由行政界线、权属界线、地类界线和一些带有宽度的线状地物界等结状要素所形成的一系列的闭合性区域，其主要包括行政区、权属区、土壤类型区等图斑。所以对于不同的面状要素，因采用不同的图层对其进行数据的采集。考虑到实际情况，将面状要素分为行政区层、地类层、土壤层等图斑层。将分层采集的数据分层保存。

（三）矢量化数据的拓扑检查

由于在适量化过程中不可避免地要存在一些问题，因此，在完成图形数据的分层矢量化以后，要进行下一步工作时，必须对分层矢量化以后的数据进行矢量化数据的拓扑检查。在对矢量化数据的拓扑检查中主要是完成以下几方面的工作：

1. 消除在矢量化过程中存在的一些悬挂线段　在线状要素的采集过程中，为了保证线段完全闭合，某些线段可能出现相互交叉的情况，这些均属于悬挂线段。在进行悬挂线段的检查时，首先使用 MapGIS 的线文件拓扑检查功能，自动对其检查和清除，如果其不能够自动清除的，则对照原始图件资料进行手工修正。对线状要素进行矢量化数据检查完成以后，随即由作图员对所矢量化的数据与原始图件资料相对比进行检查，如果在对检查过程中发现有一些通过拓扑检查所不能够解决的问题，矢量化数据的精度不符合精度要求的，或者是某些线状要素存在着一定的位移而难以校正的，则对其中的线状要素进行重新矢量化。

2. 检查图斑和行政区等面状要素的闭合性　图斑和行政区是反映一个地区耕地资源状况的重要属性，在对图件资料中的面状要素进行数据的分层矢量化采集中，由于图件资料中所涉及的图斑较多，在数据的矢量化采集过程中，有可能存在着一些图斑或行政界的不闭合情况，可以利用 MapGIS 的区文件拓扑检查功能，对在面状要素分层矢量化采集过程中所保存的一系列区文件进行适量化数据的拓扑检查。在拓扑检查过程中可以消除大多数区文件的不闭合情况。对于不能够自动消除的，通过与原始图件资料的相互检查，消除其不闭合情况。如果通过对适量化以后的区文件的拓扑检查，可以消除在适量化过程中所出现的上述问题，则进行下一步工作，如果在拓扑检查以后还存在一些问题，则对其进行重新矢量化，以确保系统建设的精度。

（四）坐标的投影转换与图件拼接

1. 坐标转换 在进行图件的分层矢量化采集过程中，所建立的图面坐标系（单位为毫米），而在实际应用中，则要求建立平面直角坐标系（单位为米）。因此，必须利用MapGIS所提供的坐标转换功能，将图面坐标转换成为正投影的大地直角坐标系。在坐标转换过程中，为了能够保证数据的精度，可根据提供数据源的图件精度的不同，在坐标转换过程中，采用不同的质量控制方法进行坐标转换工作。

2. 投影转换 县级土地利用现状数据库的数据投影方式采用高斯投影，也就是将进行坐标转换以后的图形资料，按照大地坐标系的经纬度坐标进行转换，以便以后进行图件拼接。在进行投影转换时，对1∶10 000土地利用图件资料，投影的分带宽度为3°。但是根据地形的复杂程度，行政区的跨度和图幅的具体情况，对于部分图形采用非标准的3°分带高斯投影。

3. 图件拼接 神池县提供的1∶10 000土地利用现状图是采用标准分幅图，在系统建设过程中应图幅进行拼接。在图斑拼接检查过程中，相邻图幅间的同名要素误差应小于1毫米，这时移动其任何一个要素进行拼接，同名要素间距在1～3毫米的处理方法是将两个要素各自移动一半，在中间部分结合，这样图幅拼接完全满足了精度要求。

五、空间数据库与性属性据库的连接

MapGIS系统采用不同的数据模型分别对性属性据和空间数据进行存储管理，属性数据采用关系模型，空间数据采用网状模型。两种数据的连接非常重要。在一个图幅工作单元Coverage中，每个图形单元由一个标识码来唯一确定。同时一个Coverage中可以若干个关系数据库文件即要素属性表，用以完成对Coverage的地理要素的属性描述。图形单元标识码是要素属性表中的一个关键字段，空间数据与属性数据以此字段形成关联，完成对地图的模拟。这种关联是MapGIS的两种模型联成一体，可以方便地从空间数据检索属性数据或者从属性数据检索空间数据。

对属性与空间数据的连接采用的方法是：在图件矢量化过程中，标记多边形标识点，建立多边形编码表，并运用MapGIS将用Foxpro建立的属性数据库自动连接到图形单元中，这种方法可由多人同时进行工作，速度较快。

第三章　耕地土壤属性

第一节　耕地土壤类型

一、土壤类型及分布

根据全国第二次土壤普查，在1982年山西省第二次土壤普查工作分类的基础上，按照2006年山西省土壤新分类标准进行重新归类，神池县耕地土壤分为四大土类，6个亚类，10个土属，13个土种。见表3-1。

根据全国第二次土壤普查，神池县在野外调查的基础上，经室内评土比土，分析化验，将神池县土壤确定了县级分类系统。从表3-1可以看出各土类分布受地形、地貌、水文、地质条件影响，呈明显变化，此次测土配方施肥项目只进行了土样采集测试、农户施肥情况调查等工作，关于耕地土壤属性和土壤联系方面的情况，请参考第二次土壤普查完成的相关资料。见表3-2。

二、耕地土壤类型特征及主要生产性能*

根据第二次全国土壤普查数据，结合测土配方施肥土样化验和试验分析结果，对神池县每种耕地土壤类型的形成、特征，特性及生产性能等进行评价如下。

（一）棕壤（代号：A）

棕壤分布在虎北、太平庄2个乡南部管涔山1 900～2 545米地段，是神池县的林区，面积64 035亩，占全县总面积2.93%。该区气候状况是年平均温度0～3℃，≥10℃的积温1 500～1 900℃，年降水量600毫米以上，无霜期小于90天。植被以云杉、落叶松为主，其次有桦树及苔藓、飞燕草、六道木等草灌植被，郁闭度70.7%。在其成土过程中，因气候冷凉，雨水充沛，植被茂密，光照不足，所积累的枯枝落叶拦截和蓄积了大量的降水，使土壤保存了相当多的水分，枯枝落叶分解缓慢，年复一年，累积了较厚的枯枝落叶层，使有机质大量增加。表层有机质在微生物（真菌）分解下形成了克连酸，并被盐中和为克连酸盐化合物，随水向下进行着酸性淋溶，大量的盐基被淋掉。而表层多余的有机酸呈游离状态，故pH呈微酸性，土体中无石灰反应。克连酸随水渗入土壤后还原为阿波克连酸盐，它与胡敏酸和其他有机质混合后，形成棕色染到土壤上，呈棕色土，二价的铁锰淋溶到底土层被氧化为三价的铁锰氧化物淀积，以铁锰胶膜包子在土粒表面形成棕色。按其附加成土过程又划分为1个耕地土壤亚类。

---

* 土壤类型特征及主要生产性能中的分类和名称采用2006年新分类标准命名。其余数据文字内容、土样化验值和相关分析采用包括第二次土壤普查和测土配方施肥共同的数据资料。

表 3-1 神池县耕种土壤类型对照表

土类		亚类		土属		土种	
县名	省名	县名	省名	县名	省名	县名	省名
山地棕壤	棕壤(代号:A)	山地棕壤	棕壤性土(代号:A.b)	耕种石灰岩质山地棕壤	灰泥质棕壤性土(代号A.b.5)	中厚层耕作石灰岩质山地棕壤(代号2)	耕灰泥质棕土(耕种中厚层碳酸盐岩类棕壤性土)(代号:A.b.5.018)
		山地生草棕壤		耕种石灰岩质生草棕壤		中厚层耕种石灰岩质生草棕壤(代号4)	
灰褐土	栗褐土(代号:D)	山地灰褐土	淡栗褐土(代号:D.b)	耕种黄土质山地灰褐土	黄土质淡栗褐土(代号:D.b.1)	中厚层耕种黄土质山地灰褐土(代号:11)	耕淡栗黄土(耕种壤黄土质淡栗褐土)(代号:D.b.1.195)
		灰褐土性土		耕种黄土质灰褐土性土		沙壤耕种黄土质灰褐土性土(代号:14)	
						轻壤耕种黄土质灰褐土性土(代号:15)	
褐土		褐土性土		耕种黄土质褐土性土		轻壤耕种黄土质褐土性土(代号:34)	
灰褐土		灰褐土性土		耕种黑垆土质灰褐土性土	黑垆土质淡栗褐土(代号D.b.3)	沙壤耕种黑垆土质灰褐土性土(代号:16)	黑淡栗黄土(耕种壤黑垆土质淡栗褐土)(代号:D. b.3.200)
		淡灰褐土		耕种黑垆土质淡灰褐		沙壤耕种黑垆土质淡灰褐土(代号:24)	
				耕种黄土状淡灰褐土	黄土状淡栗褐土(代号:D.b.4)	沙壤耕种黄土状淡灰褐土(代号:22)	卧淡栗黄土(耕种壤黄土状淡栗褐土)(代号:D.b.4 201)
						轻壤性深位厚黑垆土黄土状淡灰褐土(代号:23)	底黑卧淡栗黄土(耕种壤深位黑垆土层黄土状淡栗褐土)(代号:D.b.4 202)
褐土		褐土性土		耕种沟淤褐土性土	洪积淡栗褐土(代号:D.b.5)	沙壤深位厚卵石耕种沟淤褐土性土(代号:35)	洪淡栗黄土(耕种壤洪积淡栗褐土)(代号:D.b.5.204)
灰褐土		灰褐土性土		耕种洪积黄土状灰褐土性土		沙壤深位厚卵石耕种洪积黄土状灰褐土性土(代号:17)	
		淡灰褐土		耕种洪淤黄土状淡灰褐土		沙壤耕种洪淤黄土状淡灰褐土(代号:18)	
						轻壤耕种洪淤黄土状淡灰褐土(代号:19)	
				耕种洪积黄土状淡灰褐土		轻壤耕种洪积黄土状淡灰褐土(代号:21)	
				耕种洪积黄土状淡灰褐土		沙壤浅位厚卵石耕种洪积黄土状淡灰褐土(代号:20)	底砾洪淡栗黄土(耕种壤深位卵石洪积淡栗褐土)(代号:D.b.5.205)
		山地灰褐土		耕种沟淤山地灰褐土		中厚层耕种沟淤山地灰褐土(代号:12)	
栗钙土		栗钙土性土	栗褐土(代号:D.a)	耕种黄土质栗钙土性土	黄土质栗褐土(代号D.a.5)	耕种黄土质栗钙土性土(代号:30)	耕栗黄土(耕种壤黄土质栗褐土)(D.a.5.176)
				耕种红黄土质栗钙土性土	红黄土质栗褐土(代号D.a.6)	耕种红黄土质栗钙土性土(代号:31)	少姜红栗黄土(耕种壤少料红姜黄土质栗褐土)(代号:D.a.6.180)

（续）

土类		亚类		土属		土种	
县名	省名	县名	省名	县名	省名	县名	省名
风沙土	风沙土（代号：H）	固定风沙土	草原风沙土（代号：H. a）	种植固定风沙土	固定草原风沙土（代号：H. a. 2）	种植固定风沙土（代号：25）	耕漫砂土（耕种固定草原风砂土）（代号：H. a. 2. 225）
草甸土	潮土（代号：N）	浅色草甸土	潮土（代号：N. a）	耕种浅色草甸土	冲积潮土（代号：N. a. 1）	沙壤耕种浅色草甸土（代号：26）	绵潮土（耕种壤冲积潮土）（代号：N. a. 1. 258）
		盐化浅色草甸土	盐化潮土（代号 N. d）	耕种 SO_4^{2-} 盐盐化浅色草甸土	硫酸盐盐化潮土（代号：N. d. 1）	轻度壤质耕种 SO_4^{2-} 盐盐化浅色草甸土（代号 27）	耕轻白盐潮土（耕种壤轻度硫酸盐盐化潮土）（代号：N. d. 1. 297）
						中度壤质耕种 SO_4^{2-} 盐盐化浅色草甸土（代号 28）	耕中白盐潮土（耕种壤中度硫酸盐盐化潮土）（代号：N. d. 1. 302）

注：1. 为神池县耕地土壤类型新旧名称对照。

2. 表中的县名是 1982 年山西省第二次土壤普查的分类定名，包括山地棕壤、灰褐土、褐土、栗钙土、风沙土、草甸土 6 个土类，省名是 2006 年山西省土壤新分类标准名称，将山地棕壤重新定名为棕壤，将灰褐土、褐土、栗钙土合并为栗褐土，保留了风沙土，将草甸土重新定名为潮土。2006 年山西省新土壤分类标准神池县包括棕壤、栗褐土、风沙土、潮土四大土类。表中只将耕地土壤列出，草地、林地、撂荒地、其他用地土壤未列出。

表 3-2 神池县土壤分类系统表（1982 年第二次土壤普查）

土类	亚类	土属	土种代号	土种名称	典型剖面	面积（亩）	占总面积（%）
山地棕壤	山地棕壤	石灰岩质山地棕壤	1	中厚层石灰岩质山地棕壤	07—40	54 651	2.5
	山地生草棕壤	耕种石灰岩质山地棕壤	2	中厚层耕种石灰岩质山地棕壤	03—15	1 042	0.05
		石灰岩质生草棕壤	3	中厚层石灰岩质生草棕壤	07—06	4 866	0.22
		耕种石灰岩质生草棕壤	4	中厚层耕种石灰岩质生草棕壤	07—04	3476	0.16
灰褐土	淋溶灰褐土	石灰岩质淋溶灰褐土	5	薄层石灰岩质淋溶灰褐土	03—17	26 418	1.2
			6	中厚层石灰岩质淋溶灰褐土	07—12	29 701	1.34

（续）

土类	亚　类	土　属	土种代号	土种名称	典型剖面	面积（亩）	占总面积（%）
灰褐土	山地灰褐土	石灰岩质山地灰褐土	7	薄层石灰岩质山地灰褐土	13—97 10—86	388 793	17.25
			8	中厚层石灰岩质山地灰褐土	12—66 05—17	78 404	3.54
		白云岩质山地灰褐土	9	薄层白云岩质山地灰褐土	10—15	4 982	0.23
		黄土质山地灰褐土	10	中厚层黄土质山地灰褐土	13—01	6 604	0.29
		耕种黄土质山地灰褐土	11	中厚层耕种黄土质山地灰褐土	02—37 07—25	52 488	2.37
		耕种沟淤山地灰褐土	12	中厚层耕种沟淤山地灰褐土	07—29	2 008	0.09
	灰褐土性土	黄土质灰褐土性土	13	沙壤黄土质灰褐土性土	06—11	112 857	5.09
		耕种黄土质灰褐土性土	14	沙壤耕种黄土质灰褐土性土	12—47 04—53 06—22	600 297	27.01
			15	轻壤耕种黄土质灰褐土性土	14—26 05—09	320 880	14.46
		耕种黑垆土质灰褐土性土	16	沙壤耕种黑垆土质灰褐土性土	13—69 14—14	104 783	4.72
		耕种洪积黄土状灰褐土性土	17	沙壤深位厚卵石耕种洪积黄土状灰褐土性土	07—45	7 029	0.32
	淡灰褐土	耕种洪淤黄土状淡灰褐土	18	沙壤耕种洪淤黄土状淡灰褐土	06—49 04—40	86 013	3.88
			19	轻壤耕种洪淤黄土状淡灰褐土	04—82	38 313	1.73
		耕种洪积黄土状淡灰褐土	20	沙壤浅位厚卵石耕种洪积黄土状淡灰褐土	04—90	28 310	1.28
			21	轻壤耕种洪积黄土状淡灰褐土	07—48	88 138	3.97
		耕种黄土状淡灰褐土	22	沙壤耕种黄土状淡灰褐土	11—19 10—23	69 670	3.14
			23	轻壤深位厚黑垆土层耕种黄土状淡灰褐土	12—45	19 002	0.86
		耕种黑垆土质淡灰褐土	24	沙壤耕种黑垆土质淡灰褐土	13—84	15 835	0.71

（续）

土类	亚类	土属	土种代号	土种名称	典型剖面	面积（亩）	占总面积（%）
风沙土	固定风沙土	种植固定风沙土	25	种植固定风沙土	10—89 08—20	18 269	0.82
草甸土	浅色草甸土	耕种浅色草甸土	26	沙壤耕种浅色草甸土	05—10	1 081	0.05
	盐化浅色草甸土	耕种 SO_4^{2-} 盐盐化浅色草甸土	27	轻度壤质耕种 SO_4^{2-} 盐盐化浅色草甸土	01—05	3 359	0.15
			28	中度壤质耕种 SO_4^{2-} 盐盐化浅色草甸土	01—06	1 368	0.06
栗钙土	山地栗钙土	石灰岩质山地栗钙土	29	薄层石灰岩质山地栗钙土	02—49	13 672	0.62
	栗钙土性土	耕种黄土质栗钙土性土	30	轻壤耕种黄土质栗钙土性土	02—75	13 594	0.61
		耕种红黄土质栗钙土性土	31	中壤耕种红黄土质栗钙土性土	02—50	3 359	0.51
褐土	山地褐土	石灰岩质山地褐土	32	中厚层石灰岩质山地褐土	02—67	5 291	0.24
		砂岩质山地褐土	33	中厚层砂岩质山地褐土	02—62	5 600	0.25
	褐土土性	耕种黄土质褐土土性	34	轻壤耕种黄土质褐土土性	02—69	12 745	0.58
		耕种沟淤褐土土性	35	沙壤深位厚卵石耕种沟淤褐土	02—64	1 236	0.06

棕壤性土（代号：A. b） 主要分布在虎北、太平庄 2 个乡的中高山上。阴坡上的土壤特征为，表层有 3～10 厘米的枯枝落叶层，其下为黑褐色具有团粒结构的腐殖质层。厚为 8～40 厘米，有机质含量 5%～9%。淋溶层下为黑褐色或棕褐色的淀积层，此层有时不明显，底部为母岩层，土层较厚，肥力高。阳坡特点是土壤灰暗，腐殖质层厚，有机质含量高，局部地区还有轻微侵蚀。

按照母质类型将该亚类耕地土壤土属划分为灰泥质棕壤性土（代号：A. b. 5）。

在本土属中根据土层厚度和是否适合农业生产又划分了一个农业耕地土壤，土种名：耕灰泥质棕壤（全称耕种中厚层碳素盐岩类棕壤性土）（代号：A. b. 5. 018）。主要分布在太平庄乡西岭、岭脚底村和虎北乡东西毛家皂、水泉梁等村的中高山上，面积 4 518 亩。其特点：表层（耕作层）有 20 厘米活土层，土色灰棕，肥力高，其下为灰棕色具有团粒结构的心土层，其厚度为 20～75 厘米。75～82 厘米底土层，82 厘米以下为母岩层。

典型剖面以太平庄乡西岭村 03—15 剖面（1982 年山西省第二次土壤普查）为例，该剖面位于西岭村立圪旦坡上距村中心 N41°E1 800 米处。

0～20 厘米，灰棕，轻壤，屑粒结构的耕作层。

20～75 厘米，灰棕，轻壤，块状结构的心土层。

75～82 厘米，黄棕，轻壤，松散的心土层。

82 厘米以下为石灰岩母质风化层。

全剖面湿润，无石灰反应，微酸，理化分析结果见表 3 - 3。

表 3 - 3 03—15 典型剖面理化性状分析结果表

深度（厘米）	有机质（%）	全氮（%）	全磷（%）	代换量（me/百克土）	$CaCO_3$（%）	pH	机械组成（%）		
							<0.01（毫米）	<0.01（毫米）	质地
0～20	5.139	0.232	0.058	21.45	0.21	6.5	25.42	11.42	轻壤
20～50	5.206	0.190	0.058	21.17	0.29	6.4	29.42	3.42	轻壤
50～75	4.308	0.144	0.05	19.14	0.17	6.5	31.42	5.42	中壤
75～82	2.709	0.085	0.051	16.74	0.32	6.5	23.42	47.42	轻壤

该土种地形为中高山半阴阳坡，面积 4 518 亩，占总面积的 0.21%。母质为石灰岩残积坡积物，农业用地。作物有马铃薯（1 000 千克/亩）、小杂粮（150 千克/亩），一年一作。

（二）栗褐土（代号：D）

栗褐土是由森林草原向干草原过渡的一种土壤类型。神池县正处于这一地带。分布面积广，海拔为 1 300～1 900 米，平川、丘陵和山地各个地貌单元均有分布。总面积为 2 074 531亩，占全县总土地面积 93.48%。

神池县栗褐土地处温暖半干旱大陆性季风气候带。四季分明，冬季漫长，寒冷少雪，春季干旱多风，温度回升较快，夏季温湿相伴，降水集中，秋季短促，天高气爽。年平均气温 4.7℃，年降水量 487.7 毫米，多集中在 7 月、8 月、9 月这 3 个月，蒸发量为降水量的 3～4 倍，大陆性气候十分显著。

栗褐土分布地带，除山地自然植被较为稠密外，大多已开垦为农田，仅在地边田埂上有稀少植被，多以旱生型草灌为主，包括沙蓬草、沙棘豆、针茅、狗尾草、茵陈蒿等。

神池县栗褐土成土母质主要有：

第一，第四纪马兰黄土及黄土状物质。分布于广大丘陵及丘涧坪地河谷川地区。土层深厚，最厚可达几米到几十米，质地均一，变化不大，一般多为沙壤或轻偏沙，颗粒成分均匀，物理黏粒含量为12%～25%，最高达37%。土体疏松多孔，渗透性能好，石灰含量丰富。

第二，石灰岩和少量白云岩等残积坡积物。分部在山地上的母质类型，土层较薄，20～50厘米，北部山地还有岩石裸露地区，质地沙壤—轻壤，物理黏粒含量为12%～34%。土壤疏松，结构差，多为屑粒，渗透性强，$CaCO_3$含量一般小于1%，最高达7%。

第三，风沙土母质。丘陵局部地区的成土母质，土层深厚，质地通体沙壤。无层次，疏散，结构差，物理黏粒含量仅有10%～15%，渗透性极强，$CaCO_3$含量4.6%。

第四，黑垆土母质。在平川丘陵均有分布，土层深厚，有机质含量较高，在0.9%左右。

栗褐土所处的自然环境为气温低，风大，干旱严重。在形成过程中，物理风化强而化学风化弱，质地较粗，一般以沙壤为主，疏松多孔，渗透性能好，结构差，层次不明显，微生物活动旺盛，有机质分解快、积累少，土壤中养分贫瘠。由于降水量少，蒸发几倍于降水，淋溶作用极微弱，黏化作用极不明显，土壤胶体盐基成饱和状态，表土容重为1～1.2克/立方厘米，耕性良好，不起坷垃。由于耕作粗放，熟化程度不高，肥力低，母质特性明显，表层有机质4～10克/千克、全氮0.5克/千克左右、速效磷3～5毫克/千克，pH 7.5～8.4。

神池县耕地栗褐土类按其成土的附加过程分为淡栗褐土、栗褐土2个亚类，分述如下。

1. 淡栗褐土（代号：D.b）　淡栗褐土广泛分布在神池县中低山区，海拔1 350～1 600米的梁峁沟壑和丘陵地区及朱家川河流域的沟谷川地，是神池县分布面积最广的主要耕地土壤类型。淡栗褐土发育在石灰岩、白云岩风化物和黄土母质上，成土母质为第四纪黄土，土壤发育弱，无明显的黏化层，钙积层较为明显，熟化程度低，母质特性明显，受风和水的侵蚀严重，地形支离破碎，梁峁相间，沟壑纵横的丘陵地貌特征明显，面蚀和细沟蚀很普遍，自然植被稀疏，有针茅、沙草、披尖草、茵陈蒿、沙棘豆、芨芨草、委陵菜、野菊花、地榆、沙棘豆、苔藓、飞燕草、百里香、铁秆蒿、沙棘等耐旱耐瘠薄的旱生草灌植被，覆盖度30%～50%。土层深厚，质地均一，土体干旱，土性柔和疏松。土层为30～150厘米。由于植被稀疏，覆盖度低，土层薄，岩石裸露，气候干燥，降水量少，流失严重，在成土过程中，淋溶作用微弱，所以土壤盐基不能充分淋溶，剖面通体有石灰反应，pH呈微碱性。耕层厚度1.5～20厘米，表层活土层连年流失，肥力很低，有机质含量4～7克/千克、全氮0.4～0.6克/千克、有效磷3～5毫克/千克，一般小杂粮亩产150千克左右。

淡栗褐土除大面积发育在黄土母质上外，在神池县北部烈堡、东湖等丘陵区有较大面积黑垆土母质土发育的土，土层深厚，有机质含量较高，土壤肥力较高。土壤发育较弱，黏化层看不到，$CaCO_3$淀积不明显。局部地区可看到少量丝状假菌丝体，石灰反应除岩层强烈外，下部有较微弱反应，质地变化不大，以沙壤为主，另外在虎北乡洪积扇上部有洪积物发育的性土，面积很小。

淡栗褐还分布于神池县八角、长畛、红崖子、大严 4 个乡（镇）的丘涧坪地，贺职、义井，东湖以及虎北、太平庄、城关等乡（镇）的山前倾斜平原上也有分布。

本亚类耕地按照农业利用方式划分了 4 个土属。

（1）黄土质淡栗褐土（代号：D. b. 1）：本属划分耕种土壤 1 个，总面积 986 410 亩，占总面积的 44.2%。

耕淡栗黄土（全称耕种壤黄土质淡栗褐土）（代号：D. b. 1. 195）

按其在全县不同地貌的分布和生产性能分述如下：

①高山区轻壤中厚层耕种壤黄土质淡栗褐土。该区该土种土壤贫瘠肥力低，有机质含量 4.5～13 克/千克，全氮 0.2%～1.5% 克/千克，有效磷 2～4 毫克/千克，缺磷少氮，土体为不稳定的团块结构，中下部可见到 $CaCO_3$ 粉状淀积。

典型剖面 07—25（1982 年山西省第二次土壤普查），位于虎北乡桦林坡村瓦窑区，距村中心 N20°E 1 230 米处。

0～20 厘米，灰黄褐，轻壤，屑粒结构，疏松，有多量植物根系。

20～57 厘米，浅黄色，轻壤，紧实犁底层，块状结构，有中量植物根系。

57～109 厘米，灰棕黄，沙壤，块状结构，紧实心土层，有少量植物根系。

109～150 厘米，灰棕黄，轻壤，块状结构，紧实的底土层，有少量植物根系。

全剖面润，石灰反应强烈，pH 呈微碱，中下部有粉状石灰淀积。

07—25 典型剖面理化性状分析见表 3 - 4。

表 3 - 4　07—25 典型剖面理化性状分析

深度（厘米）	有机质（%）	全氮（%）	全磷（%）	代换量（me/百克土）	$CaCO_3$（%）	pH	机械组成（%）		
							<0.01（毫米）	<0.01（毫米）	质地
0～20	0.672	0.042	0.052	5.76	9.8	8.53	21.85	9.82	轻壤
20～57	0.520	0.042	0.054	2.81	9.1	8.78	21.82	11.82	轻壤
57～109	0.539	0.030	0.049	4.84	9.1	8.58	19.82	9.82	沙壤
109～150	0.530	0.025	0.047	4.10	9.9	8.00	29.82	9.82	轻壤

地形为低山（海拔 1 650 米），发育在黄土母质上，植被有铁秆蒿、针茅、沙棘等。轻度侵蚀，现为农田，种植作物有玉米、胡麻、莜麦、豆类等，亩产一般玉米 400 千克、莜麦和豆类 150 千克、胡麻 100 千克左右。

②丘陵区沙壤耕种壤黄土质淡栗褐土。分布在长畛，东湖、义井，贺职、八角等乡（镇），典型剖面 06—22（1982 年山西省第二次土壤普查），采自义井镇西土棚村西梁上，距村中心 63°W 1 325 米处。

0～20 厘米，灰黄褐，沙壤，屑粒结构，疏松，多量植物根系。

20～62 厘米，淡黄褐，沙壤，小块结构，紧实，中量植物根系。

62～110 厘米，浅黄褐，轻壤，块状结构，紧实，少量植物根系。

110～150 厘米浅黄褐，轻壤，块状结构，紧实，少量植物根系。

全剖面润，中下部有少量$CaCO_3$粉状淀积，石灰反应强烈，pH微碱。06—22典型剖面理化性状分析见表3-5。

表3-5 06—22典型剖面理化性状分析

深度（厘米）	有机质（%）	全氮（%）	全磷（%）	代换量（me/百克土）	$CaCO_3$（%）	pH	机械组成（%）		
							<0.01（毫米）	<0.01（毫米）	质地
0～20	0.550	0.042	0.044	2.25	7.0	8.6	17.82	5.82	沙壤
20～62	0.442	0.042	0.042	0.77	9.2	8.6	17.82	7.82	沙壤
62～110	0.245	0.036	0.047	4.26	9.6	8.6	21.82	7.82	轻壤
110～120	0.224	0.032	0.049	0.74	8.8	8.6	23.82	11.82	轻壤

地形为丘陵阴坡，轻度水蚀，母质为黄土，海拔1 460米，自然植被有蒿属、针茅、沙棘豆等。容重1.2克/立方厘米，种植玉米、莜麦、黍子、谷子等小杂粮，小杂粮亩产150千克、玉米亩产450千克。

③沟谷川地区轻壤耕种壤黄土质淡栗褐土。广泛分布在大严备、东湖、贺职等乡（镇），典型剖面14—26（1982年山西省第二次土壤普查），采自大严备乡小羊泉村南坡上，距本村N18°E 450米处。

0～20厘米灰褐，轻壤耕作层，屑粒结构，疏松，多量植物根系。

20～64厘米，灰黄褐，轻壤犁底层，块状结构，紧实，中量植物根系。

64～105厘米，灰黄褐，轻壤心土层，块状结构，紧实，少量植物根系。

105～150厘米，灰黄褐，中壤底土层，块状结构，紧实，少量植物根系。

全剖面润，中下部有粉丝状$CaCO_3$淀积，石灰反应强烈，pH微碱。

14—26典型剖面理化性状分析见表3-6。

表3-6 14—26典型剖面理化性状分析

深度（厘米）	有机质（%）	全氮（%）	全磷（%）	代换量（me/百克土）	$CaCO_3$（%）	pH	机械组成（%）		
							<0.01（毫米）	<0.01（毫米）	质地
0～20	0.754	0.042	0.049	2.99	9.2	8.23	24.02	4.02	轻壤
20～64	0.338	0.029	0.052	2.55	10.4	8.18	27.42	9.42	轻壤
64～105	0.387	0.025	0.052	2.60	10.2	8.18	28.42	7.42	轻壤
150～150	0.408	0.025	0.052	2.29	10.2	8.13	31.42	11.42	中壤

地形为丘陵，海拔1 670米，轻度水蚀，植被有蒿属、芨芨草，苦菜，狗尾草等。本类型土壤属上松下紧构型，质地适中，耕性好，养分较贫乏，肥力低，生产性能差。种植作物有莜麦、马铃薯、胡麻、豆类，粮食和油料亩产100千克左右、马铃薯亩产鲜薯1 000千克。

④山间交接洼地区轻壤耕种壤黄土质淡栗褐土。典型剖面02—69（1982年山西省第二次土壤普查）采自温岭村后老娘娘坟，距村正西36米处。

0～19厘米，灰黄褐，轻壤耕作层，屑粒结沟，疏松，多量植物根系。

19～37 厘米，淡黄褐，轻壤犁底层，块状结构，紧实，多量植物根系。

37～77 厘米，淡黄褐，轻壤心土层，块状结构，紧实，少量植物根系。

77～114 厘米，淡黄褐，中壤，块状结构，紧实，少量植物根系。

114～150 厘米，淡黄褐，轻壤，块状结构，较紧。

本土壤类型，耕性好，肥力一般，轻度侵蚀。

全剖面润，中下部有中—少量 $CaCO_3$ 淀积。石灰反应强烈，pH 中—微碱。

02—69 典型剖面理化分析见表 3-7。

表 3-7　02—69 典型剖面理化性状分析结果

深度（厘米）	有机质（%）	全氮（%）	全磷（%）	代换量（me/百克土）	$CaCO_3$（%）	pH	机械组成（%）		
							<0.01（毫米）	<0.01（毫米）	质地
0～19	0.825	0.066	0.047	8.79	10.8	8.55	23.62	3.62	轻壤
19～37	0.438	0.066	0.045	6.63	12.8	8.4	21.62	3.62	轻壤
37～77	0.367	0.054	0.049	5.63	13.3	8.4	25.62	1.62	轻壤
77～114	0.357	0.048	0.051	4.84	12.6	8.3	31.62	9.62	中壤
114～150	0.438	0.036	0.040	4.18	13.4	8.2	27.62	7.62	轻壤

地形为黄土丘陵中部，海拔 1 430 米，发育在黄土母质上。轻度侵蚀，自然植被有狗尾草，苦菜等，种植作物小杂粮，一年一作，亩产 100 千克左右。

(2) 黑垆土质淡栗褐土（代号：D. b. 3）：本属划分耕种土壤 1 个，总面积 120 618 亩，占总面积的 4.3%。

黑淡栗黄土（耕种壤黑垆土质淡栗褐土）（代号：D. b. 3. 200）。按其分布和生产性能分述如下：

①土石山区沙壤耕种壤黑垆土质淡栗褐土。典型剖面 13—69（1982 年山西省第二次土壤普查），位于烈堡乡大井沟村小燕梁阴坡土，距村 S75°W 1 250 米处。海拔 1 710 米，黑垆土母质，自然植被有芨芨草、臭兰香、针茅、刺儿菜等。

0～20 厘米，灰黄褐，沙壤，屑粒结构，疏松，石灰反应强烈，多量植物根系。

20～67 厘米，褐色，轻壤，小块结构，紧实，无石灰反应，中量植物根系。

67～120 厘米，灰褐，轻壤，小块结构，石灰反应弱，少量植物根系。

120～150 厘米，淡黄褐，沙壤，小块紧实，石灰反应弱，无植物根系。

全剖面润，pH 中性，13—69 典型剖面理化性状分析见表 3-8。

表 3-8　13—69 典型剖面理化性状分析

深度（厘米）	有机质（%）	全氮（%）	全磷（%）	代换量（me/百克土）	$CaCO_3$（%）	pH	机械组成（%）		
							<0.01（毫米）	<0.01（毫米）	质地
0～20	1.271	0.067	0.051	5.32	0	8.53	19.42	5.42	沙壤
20～67	1.274	0.060	0.053	8.77	0.28	8.53	21.42	7.42	轻壤
67～120	1.335	0.058	0.042	7.89	0.52	8.53	23.42	7.42	轻壤
120～150	0.518	0.024	0.051	6.49	5.6	8.53	19.42	7.42	沙壤

本类型土壤有机质含量较高，土壤较肥沃，质地适中，是一种较好的土壤类型，但磷的含量很低，增施磷肥，协调氮磷比例，产量会大幅度提高，平整土地，可提高种植业水平。

②丘涧坪地沙耕种壤黑垆土质淡栗褐土。典型剖面13—84（1982年山西省第二次土壤普查），采自烈堡乡小井沟村枯井坪，距本村N65°E 1 700米处。地形丘涧坪地，海拔1 690米，母质为黑垆土，植被狗尾草，沙棘豆，猪毛莱、野菊花等，种植作物莜麦，山药、豌豆等。粮食亩产150千克左右，马铃薯鲜薯亩产1 200千克左右。

0～16厘米，黄褐，沙壤耕作层，屑粒结构，疏松，多量植物根系。

16～38厘米，淡黄渴，沙壤犁底层，块状结构，紧实，中量植物根系。

38～80厘米，暗褐，沙壤心土层，块状结均，紧实，中量植物根系。

80～120厘米，棕褐，沙壤心土层，块状结构，紧实，少量植物根系。

120～150厘米，棕黑褐，轻壤底土层，块状结构，紧实，少量植物根系。

全剖面润；中下部有少量$CaCO_3$淀积，石灰反应由上到下逐步减弱，pH呈中性。

本类型土壤有机质含量高，土壤肥力高，结构好，耕性好。是当地肥沃土壤，上等耕地。

13—84典型剖面理化性状分析见表3-9。

表3-9　13—84典型剖面理化性状分析

深度（厘米）	有机质（%）	全氮（%）	全磷（%）	代换量（me/百克土）	$CaCO_3$（%）	pH	机械组成（%）		
							<0.01（毫米）	<0.01（毫米）	质地
0～16	0.895	0.057	0.052	8.03	2.2	8.53	17.42	5.42	沙壤
16～38	0.915	0.054	0.046	7.84	1.2	8.48	17.42	5.42	沙壤
38～80	0.803	0.048	0.047	7.07	0.7	8.51	15.42	5.42	沙壤
80～120	0.752	0.036	0.048	10.74	4.8	8.43	15.42	3.42	沙壤
120～150	0.968	0.028	0.055	12.21	0	8.48	33.42	7.43	轻壤

（3）黄土状淡栗褐土（代号：D.b.4）：分布在管涔山山前洪积扇组成的山前倾斜平原，在虎北，义井，太平庄，东湖等乡（镇）的局部地区。面积116 448亩，海拔1 450米左右，发育在洪积黄土母质上。在洪积扇中上部，土层内有不同程度的砾石含量，土层厚，结构差，土体干旱，保水保肥性能差，产量低，一般小杂粮和油料亩产50～80千克，在洪积扇下部扇缘地带，土层较厚，150厘米看不到砾石层，土壤结构好，无漏水漏肥现象。保水保肥性能好，产量也较高，小杂粮亩产150～250千克。

依障碍层出现部位，表层质地划分了2个土种。

① 卧淡栗黄土（全称耕种壤黄土状淡栗褐土）（代号：D.b.4.201）。分布在洪积扇中、上部，塘涧，虎北、长畛梁、南辛庄，西口子等村南北两侧，面积28 310亩，发育在洪积黄土状母质上。由于洪水的分选性差，含有砾石和肥土随水搬运淤积，加之微地形的变化差异大，所以，在洪积扇上、中、下不同部位，土层的厚度、砾石的大小含量都是

不同的。在中上部，土层薄（30～50 厘米），下部出现卵石底，有的表层有少量卵石，土体结构差，漏水漏肥严重，土壤水分条件差，特别不耐旱，土壤肥力高，有机质 11～13 克/千克、全氮 0.5 克/千克、有效磷 7.7 毫克/千克。

典型剖面 04—90（1982 年山西省第二次土壤普查）采自东湖乡南辛庄村靳庄子路，距靳庄子村中心 N65°E 100 米处。

0～16 厘米，灰褐，沙壤耕作层，眉粒结构，疏松，中量植物根系。

16～36 厘米，灰黄褐，沙壤犁底层，块状结构，紧实，中量植物根系。

36～48 厘米，灰棕褐，沙壤心土层，块状结构，较紧，中量植物根系。

48 厘米以下，卵石层。

全剖面润，含有少量卵石，下部有粉状 $CaCO_3$ 淀积，石灰反应强，pH 中微碱，本类型土壤，土层薄，结构差，漏水肥，保水肥性能差。

04—90 典型剖面理化性状分析见表 3-10。

表 3-10　04—90 典型剖面理化性状分析

深度（厘米）	有机质（%）	全氮（%）	全磷（%）	代换量（me/百克土）	$CaCO_3$（%）	pH	机械组成（%）		
							<0.01（毫米）	<0.01（毫米）	质地
0～16	1.291	0.055	0.042	3.92	7.0	8.48	17.82	5.82	沙壤
16～36	1.017	0.040	0.036	4.43	10.6	8.43	17.82	5.82	沙壤
36～48	0.732	0.039	0.029	6.11	16.2	8.48	15.82	5.82	沙壤

地形为洪积扇中部，海拔 1 476 米，母质洪积黄土状，植被有沙棘豆、沙蓬，茵陈蒿，狗尾草，针茅等，种植作物有豆类、莜麦、胡麻、山药等，亩产 70～80 千克。

②底黑卧淡栗黄土（全称耕种壤深位黑垆质黄土状淡栗褐土）（代号：D. b. 4. 202)。在长畛乡史家庄、红崖子、营盘等平地和东湖乡九姑、大赵庄、石窝、小寨、木瓜沟等村沟谷平地有零星分布。面积 19 002 亩，该土所处地形较平坦，地下水位深，土体沟形较差，上轻壤下沙壤，在中下部可看到粉末 $CaCO_3$ 淀积。土壤肥力一般，有机质 5.7 克/千克、全氮 0.42 克/千克、有效磷 8 毫克/千克。

典型剖面 12—45（1982 年山西省第二次土壤普查所做），采自长畛乡史家庄村沙坪，距村 S150°W 400 米处。

0～23 厘米，褐黄，轻壤耕作层，屑粒结构，疏松，多量植物根系。

23～65 厘米，淡灰黄，轻壤犁底层，小块结构，较紧，中量植物根系。

65～100 厘米，黄褐，沙壤心土层，块状结构，少量粉状 $CaCO_3$ 淀积，少量植物根系。

100～150 厘米，黑褐，沙壤底土层，块状结构，紧实，少量 $CaCO_3$ 淀积，少量植物根系。

全剖面润，石灰反应由上到下减弱，在底土层无石灰反应，pH 中性，12—45 典型剖面理化性状分析见表 3-11。

表 3-11　12—45 典型剖面理化性状分析

深度（厘米）	有机质（%）	全氮（%）	全磷（%）	代换量（me/百克土）	$CaCO_3$（%）	pH	机械组成（%）		
							＜0.01（毫米）	＜0.01（毫米）	质地
0～23	0.590	0.059	0.047	1.47	0	8.33	10.2	4.02	沙壤
23～65	0.383	0.041	0.044	4.41	4.8	8.33	10.2	4.02	沙壤
65～100	0.327	0.028	0.042	3.59	4.6	8.33	16.02	4.02	沙壤
100～150	0.376	0.030	0.044	4.34	4.6	8.33	12.02	0.02	沙壤

地形为丘涧坪地，海拔 1 380 米，发育在黄土状母质土。植被有狗尾草，蒿草、白草等，种植作物山药、谷子、莜麦，小杂粮亩产 150 千克左右。

本土壤类型质地适中，构型较差，养分含量一般，是当地较好的一种土壤类型。

（4）洪积淡栗褐土（代号：D.b.5）　本类型土壤分布范围较广，在丘陵地区，土层深厚，土壤柔和，质地均一，黏化层不明显，钙积现象明显，通体有石灰反应。在中低山区发育在石灰岩、砂岩的残积坡积母质上。自然植被有沙棘、胡榛、铁秆蒿、针茅等草灌为主，植被稀疏，覆盖度低，土层薄，土体干旱，岩石裸露，通体石灰反应强烈，且有钙积现象。按照农业利用情况该土属划分了 2 个土种。

①洪淡栗黄土（全称耕种壤洪积淡栗褐土）（代号：D.b.5.204）。根据地区分布不同分述如下：

a. 沟谷地区耕种壤洪积淡栗褐土。典型剖面 02—64（1982 年山西省第二次土壤普查）采自龙泉镇陈家沟村黄土咀，距村，S70°E 725 米处。

0～20 厘米，黄褐，沙壤耕作层，屑粒结构，疏松，多量植物根系。

20～51 厘米，棕褐，沙壤犁底层，块状结构夹沙砾石，中量植物根系。

51～78 厘米，棕褐，轻壤心土层，块状结构，紧实，少量 $CaCO_3$ 淀积，少量植物根系。

全剖面润，石灰反应强烈，pH 微碱，02—64 典型剖面理化性状分析见表 3-12。

表 3-12　02—64 典型剖面理化性状分析

深度（厘米）	有机质（%）	全氮（%）	全磷（%）	代换量（me/百克土）	$CaCO_3$（%）	pH	机械组成（%）		
							＜0.01（毫米）	＜0.01（毫米）	质地
0～20	1.250	0.078	0.052	5.13	5.8	8.43	17.62	5.02	沙壤
20～51	0.905	0.054	0.047	6.94	5.9	8.53	19.62	7.62	沙壤
51～78	0.469	0.048	0.050	6.71	11.6	8.33	21.62	9.62	轻壤

地形为沟谷地，海拔 1 390 米，发育在洪积冲积物母质上，植被有铁秆蒿、蒿草等，种植作物豌豆、莜麦，亩产 150 千克。

b. 高山中下部地区耕种壤洪积淡栗褐土。典型剖面 07—45（1982 年山西省第二次土壤普查），采自虎北乡虎北村小岔路洪积扇上部，距村中心 N20°E 1 050 米处。

0～20 厘米，灰黄，沙壤耕作层，屑粒结构，疏松，多量植物根系。

20～66 厘米，灰棕褐，轻壤心土层，块状结构，紧实，$CaCO_3$ 淀积，中量植物根系。

66 厘米以下为卵石层，全剖面润，有少量砾石，石灰反应强，pH 中性—微碱。

07—45 典型剖面理化性状分析见表 3-13。

表 3-13　07—45 典型剖面理化性状分析

深度（厘米）	有机质（%）	全氮（%）	全磷（%）	代换量（me/百克土）	$CaCO_3$（%）	pH	机械组成（%）		
							<0.01（毫米）	<0.01（毫米）	质地
0～20	1.017	0.042	1.036	6.11	7.8	8.38	17.82	7.82	沙壤
20～66	1.763	0.018	0.051	9.82	12.2	8.43	27.82	11.82	轻壤

地形为洪积扇上部，海拔 1 510 米，母质为洪积物，轻度侵蚀。自然植被有狗尾草、灰菜、刺儿菜、剑叶旋花等，地下水位深。

本土种土体构型不好，土层薄且夹砾石，漏水漏肥严重，施肥应少量多次，不宜一次过多，防止肥料浪费。土壤中有机质含量较高，肥力较高，人工加厚土层，把砾石拣去，改善土壤理化性状。

c. 丘涧坪地区耕种壤洪积淡栗褐土。在贺职、义井、东湖等乡（镇）均有分布，面积 86 013 亩。

典型剖面 06—49（1982 年山西省第二次土壤普查）采自义井镇大黑庄村岔口地，距村中心 S12°W 1 100 米处。

0～15 厘米，灰黄，沙壤耕作层，屑粒结构，疏松，多量植物根系。

15～62 厘米，浅黄，沙壤犁底层，块状结构，紧实，多量植物根系。

62～80 厘米，浅黄，沙壤心土层，块状结构，紧实，中量植物根系。

80～118 厘米，黄褐，轻壤心土层，块状结构，紧实，少量植物根系。

118～150 厘米，浅黄，沙壤底土层，块状结构，紧实。

全剖面润，石灰反应强，pH 微碱，06—49 典型剖面理化性状分析见表 3-14。

表 3-14　06—49 典型剖面理化性状分析

深度（厘米）	有机质（%）	全氮（%）	全磷（%）	代换量（me/百克土）	$CaCO_3$（%）	pH	机械组成（%）		
							<0.01（毫米）	<0.01（毫米）	质地
0～15	0.508	0.100	0.05	1.98	7.6	8.6	10.2	4.02	沙壤
15～62	0.263	0.047	0.0465	0.65	7.0	8.6	8.02	4.02	沙壤
62～80	0.264	0.038	0.045	2.58	6.8	8.55	14.02	8.02	沙壤
80～118	0.785	0.030	0.051	8.67	7.0	8.55	24.02	10.02	轻壤
118～150	0.386	0.019	0.044	2.16	7.0	8.45	10.02	4.02	轻壤

地形为沟谷川地，母质为洪淤黄土状物体，海拔 1 350 米。植被有狗尾草、沙棘豆、针茅等。种植作物有莜麦、糜谷黍等小杂粮、马铃薯、胡麻，小杂粮和胡麻亩产 60 千克左右，马铃薯亩产 1 000 千克。

本类型土壤由于成土淤积所致，层次较明显，质地沙性较大，通透性良好，耕性好，但保肥性能差，土壤肥力一般，应增施有机肥，洪水漫地，改良土壤结构，提高肥力，打深井，发展水浇地，实现林网方格田。

d. 洪积扇下部边缘地带耕种壤洪积淡栗褐土。分布在管涔山山前洪积扇组成的山前倾斜平原，在虎北，义井，太平庄，东湖等乡（镇）的局部地区。面积 28 310 亩，海拔 1 450米左右。发育在洪积黄土母质上，在洪积扇中上部，土层内有不同程度的砾石含量。土层深，结构差，土体干旱，保水保肥性能差，产量低，一般亩产 50～80 千克。在洪积扇下部扇缘地带，土层较厚，150 厘米看不到砾石层，土壤结构好，无漏水漏肥现象。保水保肥性能好，产量也较高，150～250 千克/亩。

发育在洪积黄土状母质上，由于洪水的分选性差，砾石和肥土随水搬运淤积，加之微地形的变化差异大，所以，在洪积扇上、中、下不同部位，土层的厚度、砾石的大小含量不同。在中、上部，土层薄（30～50 厘米），下部出现卵石底。有的表层有少量卵石，土体结构差，漏水漏肥严重，土壤水分条件差，特别不耐旱。土壤肥力高，有机质 13 克/千克，全氮 0.5 克/千克，有效磷 7.7 毫克/千克。

典型剖面 04—90（1982 年山西省第二次土壤普查）采自东湖乡南辛庄村靳庄子路，距靳庄子村中心 N65°E 100 米处。

0～16 厘米，灰褐，沙壤耕作层，屑粒结构，疏松，中量植物根系。

16～36 厘米，灰黄褐，沙壤犁底层，块状结构，紧实，中量植物根系。

36～48 厘米，灰棕褐，沙壤心土层，块状结构，较紧，中量植物根系。

48 厘米以下，卵石层。

全剖面润，含有少量卵石，下部有粉状 $CaCO_3$ 淀积，石灰反应强，pH 中性—微碱。04—90 典型剖面理化性状分析见表 3 - 15。

表 3 - 15　04—90 典型剖面理化性状分析

深度（厘米）	有机质（%）	全氮（%）	全磷（%）	代换量（me/百克土）	$CaCO_3$（%）	pH	机械组成（%）		
							<0.01（毫米）	<0.01（毫米）	质地
0～16	1.291	0.055	0.042	3.92	7.0	8.48	17.82	5.82	沙壤
16～36	1.017	0.040	0.036	4.43	10.6	8.43	17.82	5.82	沙壤
36～48	0.732	0.039	0.029	6.11	16.2	8.48	17.82	5.82	沙壤

地形为洪积扇中部，海拔 1 476 米，母质洪积黄土状，植被有沙棘豆、沙蓬、茵陈蒿、狗尾草、针茅等，种植作物有豆类、莜麦、胡麻、马铃薯等，亩产 80～100 千克。

本类型土壤，土层薄，结构差，漏水肥，保水肥性能差。

②底砾洪淡栗黄土（全称耕种壤深位卵石洪积淡栗褐土）（代号：D. b. 5. 205)。是山地土壤中较肥沃的一种土壤。由于洪水冲积，将山区肥土冲积于沟内淤积而成。土壤较肥。有机质 16 克/千克，全氮 0.46 克/千克，有效磷 0.48 毫克/千克，质地适中，耕作性良好，是山区较好的农业土壤。

典型剖面 07—29（1982 年山西省第二次土壤普查），采自虎北乡碾槽沟村石滩子，距村中心 N67°E 657 米处。

0～21 厘米，黄褐，轻壤，屑粒结构，疏松，多量植物根系。

21～58 厘米，淡黄褐，轻壤，块状结构，紧实、中量植物根系。

58 厘米以下卵石层。

全剖面石灰反应强烈，pH 微碱，土壤润。07—29 典型剖面理化性状见表 3-16。

表 3-16　07—29 典型剖面理化性状分析

深度（厘米）	有机质（%）	全氮（%）	全磷（%）	代换量（me/百克土）	$CaCO_3$（%）	pH	机械组成（%）		
							<0.01（毫米）	<0.01（毫米）	质地
0～21	1.600	0.046	0.048	6.05	5.6	8.53	23.82	9.82	轻壤
21～58	1.202	0.042	0.044	3.86	6.8	8.43	27.82	11.82	轻壤

地形为山区沟谷地，洪积母质，海拔 1 750 米，植被有铁秆蒿、沙棘、苍耳等，轻度水蚀，为农业用地。

该类型土壤肥力较高，质地适中，耕性良好，产量较高，但土层薄，具有轻度水蚀。所以施化肥要少量多次，一次不宜施的过多，防止漏肥，工程措施应人为加厚土层，打坝淤垫，平田整地。

2. 栗褐土（代号 D. a）

（1）黄土质栗褐土（代号：D. a. 5）：该土属是山西省雁北地区主要地带性土壤，神池县东端与雁北地区临界，处于过渡地区，因此出现了过渡性的栗钙土，其特征不很明显。该土属的成土条件：气温低而变幅大，风蚀水蚀严重，自然植被稀疏，土壤的物理风化异常强烈，土质粗，母岩在风化中所产生的大量碳酸盐类，因蒸发强而很少淋失，均以丝状，糯状淀积于根孔和虫孔中，土壤盐基饱和度高，土体呈强碱性反应，pH8 以上。神池县分布的黄土质栗褐土，碳酸盐出现在 20 厘米以上，且数量多。本属只划分了 1 个耕地土种。

耕栗黄土（全称耕种壤黄土质栗褐土）（代号：D. a. 5. 176）。分布在龙泉镇大沟儿涧村的西墙背坡，成家梁村的山堰，丁家梁村的蛇堰子，柏家湾等地，发育在黄土母质上。

典型剖面 02—75（1982 年山西省第二次土壤普查），采自龙泉镇大沟儿涧村西墙背坡，距斗沟煤矿 S80°W 100 米处。

0～20 厘米，浅黄褐，轻壤耕作层，屑粒结构，多量植物根系。

20～67 厘米，浅黄，轻壤犁底层，块状结构，紧实，多量 $CaCO_3$ 淀积，多量植物根系。

67～96 厘米，灰黄，轻壤心土层，块状结构，紧实，多量 $CaCO_3$ 淀积，中量植物根系。

96～121 厘米，灰黄，轻壤心土层，块状结构，紧实，多量 $CaCO_3$ 淀积，少量植物根系。

121～150 厘米，浅黄，中壤底土层，块状结构，紧实，多量 $CaCO_3$ 淀积。

全剖面石灰反应强烈，pH 中性，02—75 典型剖面理化性状见表 3-17。

表 3-17　02—75 典型剖面理化性状分析

深度（厘米）	有机质（%）	全氮（%）	全磷（%）	代换量（me/百克土）	$CaCO_3$（%）	pH	机械组成（%）		
							<0.01（毫米）	<0.01（毫米）	质地
0～20	0.825	0.093	0.05	5.07	9.3	8.5	20.22	6.22	轻壤
20～67	0.744	0.096	0.046	4.88	9.9	8.46	20.22	6.22	轻壤
67～96	0.581	0.042	0.041	7.42	12.0	8.51	28.22	2.22	轻壤
96～121	0.713	0.040	0.047	7.35	5.8	8.61	24.22	8.22	轻壤
121～150	1.141	0.081	0.044	6.87	13.4	8.61	30.22	14.22	中壤

地形为丘陵，海拔 1 420 米，中度水蚀，植被有披尖草、沙棘豆、狗尾草、针茅等，种植作物莜麦，马铃薯等，莜麦亩产 150 千克左右，马铃薯亩产 1 000 千克左右。

(2) 红黄土质栗褐土（代号：D. a. 6）：与黄土质栗褐土比较母质略有差异，本属划分了 1 个农业耕作土壤种。

少姜红栗黄土（全称耕种壤少料姜红黄土质栗褐土）（代号 D. a. 6. 180）。典型剖面 02—50（1982 年山西省第二次土壤普查），采自龙泉镇大沟儿涧村西墙背坡，距村中心 S50oW，距离 300 米处。

0～20 厘米，灰黄，中壤耕作层，屑粒结构，多量植物根系。

20～60 厘米，灰棕红，中壤犁底层，块状结构，紧实，多量 $CaCO_3$ 淀积，多量植物根系。

60～110 厘米，黄棕，重壤心土层，块状结构，紧实，多量 $CaCO_3$ 淀积，中量植物根系。

110～150 厘米，棕红，黏土底土层，块状结构，紧实，多量 $CaCO_3$ 淀积，少量植物根系。

全剖面石灰反应强烈，pH 中性。02—50 典型剖面理化性状分析见表 3 - 18。

表 3 - 18　02—50 典型剖面理化性状分析

深度（厘米）	有机质（%）	全氮（%）	全磷（%）	代换量（me/百克土）	$CaCO_3$（%）	pH	机械组成（%）		
							<0.01（毫米）	<0.01（毫米）	质地
0～20	0.378	0.053	0.046	10.77	9.8	8.48	33.62	1.62	中壤
20～60	0.541	0.059	0.031	13.48	13.3	8.43	35.62	3.62	中壤
60～110	0.383	0.040	0.027	12.45	14.7	9.03	43.62	19.62	重壤
110～150	0.383	0.042	0.031	22.34	0	9.03	47.62	19.62	重壤

地形为缓坡丘陵，海拔 1 360 米，中度水蚀，植被有披尖草、沙棘豆、狗尾草、针茅等，种植作物莜麦、马铃薯等，莜麦亩产 100 千克左右，马铃薯亩产 1 000 千克。

(三) 风沙土（代号：H）

风沙土是分布在神池县丘陵地区的一种隐域性土壤，幼年岩成性土壤，面积 18 269 亩，占总面积的 0.8%。分布在贺职乡贺职村与韩家洼交接处，东湖乡有零星分布。无发育层次，无结构，母质特性明显。依成土过程分了 1 个亚类。

草原风沙土（代号：H. a）　由于种植了白杨、柠条等植被，且有百里香、沙蓬、沙棘豆等自然草灌植被覆盖，从而使原来的流沙被植物固定，不再随风移动. 通体沙壤无层次，无发育层次，母质特性明显。地表有极薄的灰褐色结皮，且含有少量有机质，全剖面石灰反应强烈。本亚类分了 1 个土属。

固定草原风砂土（代号：H. a. 2）：本土属只分了 1 个农业耕作土种。

耕漫沙土（全称耕种固定草原风沙土）　（代号：H. a. 2. 225）。典型剖面 08—20（1982 年山西省第二次土壤普查），位于贺职乡仁义村岭后路上，距村 N35°E，距离 1 500 米处。

0～14 厘米，灰褐，沙壤，屑粒结构，疏松，多量植物根系。

14～68 厘米，灰黄，沙壤，碎块结构，较紧，中量植物根系。

68～110 厘米，淡黄，沙壤，碎块结构，中量植物根系。

110～150 厘米，淡黄，沙壤，碎块结构，较紧，少量植物根系。

全剖面润，中下部有少量丝状 $CaCO_3$淀积，石灰应强烈，pH 微碱。

08—20 典型剖面理化性状分析见表 3-19。

表 3-19 08—20 典型剖面理化性状分析

深度（厘米）	有机质（%）	全氮（%）	全磷（%）	代换量（me/百克土）	$CaCO_3$（%）	pH	机械组成（%）		
							<0.01（毫米）	<0.01（毫米）	质地
0～14	0.590	0.059	0.047	1.47	0	8.33	10.2	4.02	沙壤
14～68	0.383	0.041	0.044	4.14	4.8	8.33	10.2	4.02	沙壤
68～110	0.327	0.028	0.042	3.59	4.6	8.33	16.02	4.02	沙壤
110～150	0.376	0.030	0.044	3.43	4.6	8.33	12.02	0.02	沙壤

地形为黄土丘陵，海拔 1 370 米，母质风积沙土，植被有沙蒿、泡泡草、野菊花、沙棘豆、柠条等。现在主要为成片柳树、杨树林地。

本土壤类型成土时间短，是一种幼年岩成性土壤，沙性大无层次，今后应多种柠条等草灌植被，增加地面覆盖度，防止水土流失，又要逐年累积有机质，逐步改良其理化性质。

（四）潮土（代号：N）

零星分布在神池县龙泉镇西部以及东湖乡达木河的山前交接凹地和潜水露头低洼处，是受生物气候影响较少的一种隐域性土壤。受地带性控制，其成土过程主要是受地下水的影响，地下水位为 1.5～2 米。成土过程中，地下水受季节性干旱和降水影响而上下移动，使土层中下部处于氧化还原的交替过程，且产生锈纹锈斑。可溶性盐类在干旱季节常随水蒸发上升累积于表层，形成盐霜，土壤水分条件好，一般不受旱的威胁。自然植被多为喜湿性、耐盐杂草，有委陵菜、三枝草、金戴戴、车前草、蒲公英等，成土母质为淤积物。

本类土壤面积很小，只有 5 808 亩，占全县总土地面积的 0.26%。本土类依附加成土过程划分了 2 个亚类。

1. 潮土（代号：N.a） 分布在东湖乡达木河、金土梁 2 个村的山前交接凹地潜水露头处。面积 1 081 亩，占全县总面积的 0.05%。发育在黄土淤积物母质上，地下水位 2 米。中下部氧化还原层锈纹锈斑明显，地表潮湿，不受干旱威胁，是当地较好的一种土壤类型。本亚类分了 1 个土属。

冲积潮土（代号：N.a.1）：依表层质地划分了 1 个耕作土种。

绵潮土（全称耕种壤冲积潮土）（代号：N.a.1.258）。典型剖面 05—10（1982 年山西省第二次土壤普查），采自东湖乡达木河村庙河滩，距达木河堡西南角 S45°W 800 米处。

地形丘涧交接凹地，海拔 1 660 米，母质为黄土淤积物，地下水 2 米。植被有委陵菜、三棱草、黄花铁线莲、金戴戴等，种植作物有莜麦、胡麻，亩产 120 千克左右，马铃薯亩产 1 200 千克。

0～19 厘米，灰黄，沙镶，耕作层，屑粒结构，疏松，多量植物根系。

19～32 厘米，灰黄褐，沙壤犁底层，片状结沟，较紧，中量植物根系。

32～61 厘米，灰黄棕，轻壤心土层，片状结构，紧实，中量植物根系。

61～81 厘米，灰棕，沙壤心土层，片状结构，紧实，少量植物根系。

81～118 厘米，灰褐，轻壤心土层，片状结构，紧实，少量植物根系。

118～150 厘米，灰褐棕，中壤底土层，片状结构，紧实，无植物根系。

全剖面润，中下部有多量斑状 Fe、Mn 结核和锈纹锈斑，石灰反应从上到下渐弱，pH 中性。05—10 典型剖面理化性状分析见表 3－20。

表 3－20　05—10 典型剖面理化性状分析

深度（厘米）	有机质（%）	全氮（%）	全磷（%）	代换量（me/百克土）	$CaCO_3$（%）	pH	机械组成（%）		
							<0.01（毫米）	<0.01（毫米）	质地
0～19	1.372	0.090	0.056	7.84	7.2	9.05	17.82	5.82	沙壤
19～32	0.671	0.027	0.050	7.32	8.6	8.85	19.82	5.82	沙壤
32～61	0.357	0.048	0.047	3.13	8.6	9.05	21.82	5.82	轻壤
61～80	0.681	0.041	0.050	6.62	8.4	9.65	19.82	5.82	沙壤
80～118	0.662	0.036	0.042	7.64	8.8	9.9	20.02	6.02	轻壤
118～150	0.633	0.028	0.045	5.47	8.2	9.9	30.02	12.02	中壤

本土壤类型，土壤潮湿，土层明显，土体结构好，有机质含量高，是当地最好的土壤。

2. 盐化潮土（代号：N.d）　分布在龙泉镇温岭与城关交接的山前凹地，属封闭型洼地。面积 4 727 亩，占全县总面积的 0.21%。地下水位在 2 米左右，由于地形低洼封闭，地下水不畅，蒸发大于降水，矿化度增高。在干旱季节，盐分随水上升聚积地表层，形成了盐化浅色草甸土，发育在淤积物母质上。有盐吸、盐瓜瓜、金戴戴、车前草、蒲公英等喜湿耐盐植被，由于盐碱危害，出苗率只有 60%左右。最严重的地段几乎不能生长作物，一般亩产 30～75 千克。根据盐分类型，本亚类分了 1 个土属。

硫酸盐盐化潮土（代号：N.d.1）：依盐分含量及危害程度又分了 2 个耕作土种。

①耕轻白盐潮土（全称耕种壤轻度硫酸盐盐化潮土）（代号：N .d.1.297）。分布在城关东南、温岭村以西交接处，面积 3 359 亩。其特点是春季返盐出现白色盐斑白毛碱，基本不受盐或轻度受盐碱危害。种植莜麦、马铃薯、胡麻等。

从盐化分析结果看出，该区土壤 0～20 厘米含盐量为 0.115%，阴离子总量为 1.68me/百克土。其中 SO_4^{2-} 含量为 1.38me/百克土，占阴离子总量的 32%，其他离子含量 20%，且中下部含盐量显著下降，pH 为 8.3，所以划为耕种壤轻度硫酸盐盐化潮土。

典型剖面 01—05（1982 年山西省第二次土壤普查），位于龙泉镇三大队，神池中学 S 66°E 800 米处。

0～19 厘米，灰黄褐，轻壤耕作层，屑粒结构，疏松，多量植物根系。

19～43 厘米，浅黄褐，轻壤犁底层，块状结构，稍紧，有铁、锰结核、中量植物根系。

43～92 厘米，黄棕褐，轻壤心土层，块状结构、疏松，少量植物根系。

92～130 厘米，黄棕褐，沙壤心土层，块状结构，紧实，少量植物根系。

130～150 厘米，暗黄褐，中壤底土层，块状结构，疏松。

全剖面石灰反应强烈，pH 微碱。01—05 典型剖面理化性状分析见表 3-21。

表 3-21　01—05 典型剖面理化性状分析

深度（厘米）	有机质（%）	全氮（%）	全磷（%）	代换量（me/百克土）	$CaCO_3$（%）	pH	机械组成（%）		
							<0.01（毫米）	<0.01（毫米）	质地
0～19	1.345	0.063	0.051	7.22	9.2	8.23	29.42	13.42	轻壤
19～43	0.581	0.046	0.044	5.66	8.0	8.23	27.42	11.42	轻壤
43～92	0.693	0.036	0.048	7.93	8.8	8.19	25.42	3.42	轻壤
92～130	0.722	0.036	0.044	9.00	9.8	8.47	19.42	5.42	沙壤
130～150	0.927	0.063	0.053	12.05	10.4	8.18	21.42	3.42	中壤

地形为山间凹地，海拔 1 522 米，植被有盐吸、车前子、金戴戴等，地下水位 2.1 米，种植作物莜麦、胡麻等，亩产 100 千克。

本土壤类型基本不受盐碱危害，是当地肥力较高的土壤，今后采用农业措施，防止盐化发展。

②耕中白盐潮土（全称耕种壤中度硫酸盐盐化潮土）（代号：N.d.1.302）。分布在龙泉镇三大队北滩和四大队北城后的凹地处，面积 1 368 亩。土壤潮湿，地温低通透性差。种植作物莜麦、胡麻等，莜麦亩产 80 千克左右，马铃薯 800 千克左右。

从盐碱土分析结果看，该区 0～20 厘米，含盐量为 0.24%，阴离子总量为 3.74me/百克土，其中 SO_4^{2-} 离子含量为 3.21me/百克土，占阴离子总量的 86%，其他离子含量均<20%，pH 8.2。

典型剖面 01—06（1982 年山西省第二次土壤普查），采自龙泉镇三大队北滩，距神池中学正南 250 米处。

0～20 厘米，灰黄褐，轻壤耕作层，屑粒结构，疏松，多量植物根。

20～57 厘米，灰棕褐，中壤犁底层，小块结构，疏松，铁、锰斑状淀积，中量根系。

57～95 厘米，淡灰褐，轻壤心土层，小块结构，疏松，铁、锰斑状淀积，少量植物根。

95～26 厘米，淡灰褐，轻壤心土层，小块结构，疏松，少量植物。

126～150 厘米，淡灰褐，轻壤底土层，小块结构，疏松。

全剖面潮湿，石灰反应强，pH 微碱，01—06 典型剖面理化性状分析见表 3-22。

表 3-22　01—06 典型剖面理化性状分析

深度（厘米）	有机质（%）	全氮（%）	全磷（%）	代换量（me/百克土）	$CaCO_3$（%）	pH	机械组成（%）		
							<0.01（毫米）	<0.01（毫米）	质地
0～20	1.416	0.054	0.052	10.35	8.8	8.53	29.42	7.42	轻壤
20～57	1.019	0.042	0.053	12.94	10.8	8.43	27.42	13.42	轻壤
57～95	0.735	0.054	0.042	7.79	9.2	8.13	31.42	5.42	中壤
95～126	0.713	0.034	0.047	10.88	11.8	8.03	25.42	9.42	轻壤
126～150	0.744	0.046	0.048	9.06	10.7	8.13	23.42	5.42	轻壤

地形山间凹地。海拔 1 515 米，地下水位 1.6 米，自然植被有盐吸、盐瓜瓜、金戴戴、蒲公英等，作物亩产 30 千克左右。

本土壤类型受盐碱危害，土壤质地适中，肥力较高，土体湿润，地温低，通透性较差，应挖排水渠，降低地下水位，采取综合农业措施改良。

第二节　土壤理化性状及其分析

土壤理化性状是决定土壤肥力的主要因素，是反映土壤生产性能及其潜在生产力的重要标志。它在一定程度上决定土壤的利用方向和措施。现将神池县土壤的主要理化性状作介绍如下，并进行粗浅评价，以供土壤改良和农业生产参考。

一、土壤物理性状及评价

土壤物理性状包括土壤质地、土壤结构、土壤松紧状况和土体构型 4 个方面。

（一）土壤质地

土壤质地又叫机械组成，是指土壤颗粒的粗细比例和沙粒、黏粒含量。这些颗粒具有不同的矿物组成和不同的物理、化学性质，其直接影响了土壤的水分、养分、空气、热量状况和农业生产的特性，对土壤肥力、耕性和生产性能有很大影响，是土壤的重要物理性状之一。

一般认为沙粒和黏粒的比为 7∶3 为宜，也就是说＜0.01 毫米的物理黏粒达到 30％时为好，在质地级别上正是轻壤，是最理想的质地；但从神池县来看，绝大部土壤质地为沙壤，物理黏粒（＜0.01 毫米）含量＜20％、达到 30％左右的只有很少一部分，并且多为山区土壤。

从神池县土壤来看，表层为沙壤土的面积为 1 650 914 亩（其中，耕地 676 875 亩），占 74.85％；表层为轻壤土的面积为 563 867 亩（其中，耕地 231 185 亩），占 25％；表层为中壤土的面积为 3 359 亩（其中耕地 1 377 亩），占 0.15％，现就 3 种质地类型分述如下：

1. 沙壤土（物理黏粒含量＜20％）　广泛分布在丘陵平川地区，母质多为黄土。沙壤的特点是，疏松多孔，通透性强，根系易扎、易耕作，保水保肥性能差、孔隙大。通气孔隙多，微生物活动旺盛，分解养分快，肥效持续时间短。作物前期生长旺盛，后期易脱肥早衰，有前劲、无后劲，土壤温度变化快，昼夜温差大，四季温差大，易受冻害。

增施有机肥，增加土壤中有机胶体、改善土壤结构。追肥时“少吃多餐”，注意作物后期追肥。化肥应选择移动性小、易被胶体吸附的铵态氮肥。

2. 轻壤土（物理粘粒含量＞20％，为 20％～30％）　母质多为石灰岩残积坡积物，黄土和黄土状物。轻壤土多分布在管涔山棕壤，虎北山丛林村林区的淡栗褐土；东湖柳沟村一带山地栗褐土，虎北桦林坡山地栗褐土及碾槽沟村沟淤山地栗褐土；大严备乡小羊泉村一带和东湖乡达木河一带以及贺职乡贺职村一带栗褐土；东湖乡靳庄子，虎北乡虎北村以及长畛乡史家庄村一带的黄土状淡栗褐土以及龙泉镇盐碱地，这类土壤质地适中。轻壤把沙黏土的不足之处加之调节。其特点是孔隙松紧适宜，通透性能良好，保肥保水性能较好，土温稳定，耕性好，肥效发挥较快且持续时间也长，作物生长期肥效均匀，适种作物广。

3. 中壤土（物理黏粒含量为30%～40%） 分布在龙泉镇大沟儿涧村西墙背，质地类型为中壤，耕种壤少料姜红黄土质栗褐土。其特点是土质较黏重，保水保肥性能较强，通透性较差，耕后易起坷垃，养分释放较慢，既发小苗又发老苗，比轻壤稍黏重一些，是农业生产中的一种理想土壤质地。

（二）土壤结构

土壤结构是指在土壤中许多土粒集中到一起或胶结在一起形成的团聚体。土壤结构是土粒胶结的形态，它关系着土壤中水、肥、气、热4种肥力因素相互间的协调，土壤微生物活动的强弱，土壤养分的分解转化累积速度，土壤耕性和作物根系的生长，是影响肥力的重要因素。

根据野外土壤调查，剖面记载观察，神池县耕地土壤结构大致是：

1. 耕作层 15～20厘米，土壤结构多为屑粒结构而很少有团粒结构，说明土壤耕层较差，其主要原因是有机质含量低，溶胶物质少。需采取多种措施增加土壤有机质含量，如积沤肥，种植绿肥作物，实行草田轮作，利用与养地结合的轮作倒茬制度，以培肥土壤，改善土壤结构，增加耕层的团粒结构。另外，结合深翻施入有机肥，加厚活土层，也可起到改良土壤结构的作用。

2. 犁底层 人类长期耕作，在耕层下面，由于受犁底机械压力而形成的紧实层，多为片状结构，厚度约7厘米，随着机械化程度的提高，神池县大多数平川丘陵区，拖拉机深翻，旧犁底层被打破，只剩坡度大的边坡和丘陵山区仍留有犁底层。但由于水蚀、风蚀作用，表土层被冲刷流失，犁底层也逐年下移，所以犁底层不明显。犁底层的存在，影响到土壤的通透性，上下层土壤的物质转移和能量传递及作物根系的下扎。所以，在平川缓坡丘陵区，应秋深翻，加深土层，在坡度陡的边坡丘陵山区可采用等高耕地，加厚活土层。

3. 心土层 犁底层以下部分为心土层，一般紧实，多为块状结构，厚度30～50厘米。土壤的保水保肥、供肥性能与该层关系较为密切。

4. 底土层 也叫生土层和死土层，在心土层以下，紧实，无根系。人为生产和耕种对该层影响甚微，一般在70厘米以下，多为块状结构。

（三）土壤松紧度

土壤松紧度是指土壤疏松和紧实的状况，土壤孔隙的大小和多少直接影响到土壤松紧状况，土壤松紧度不仅制约着土壤的水、肥，气、热状况，而且也直接影响到根系的生长发育。

神池县土壤松紧状况：绝大多数土壤耕作层疏松、软绵、质地沙，坷垃少，基本是适宜作物生长的。但也有个别土壤，由于人为耕作耙耱的不细，造成吊根，出苗率不高。今后应通过深耕、施肥、精耕细作，合理的轮作倒茬，合理的施用肥料等措施创造更适宜的松紧状况。

（四）土体构型

也叫土体构造，是指整个土体各层次质地的排列组合状况。它不仅影响耕作土壤的理化性状和生物学特性，而且也影响土壤不同时期肥力的动态变化，以及对所需水、肥、气、热生产条件的协调能力。

土体构型的种类很多，因受质地、松紧度、结构、土层厚薄等因素的影响较大。按上下层质地组成和土层厚薄，将神池县概括为下列几种类型。

1. 薄层型 一种是山地薄层型，面积 14 000 余亩，即发育在残积坡积母质上的山地土壤，为自然土壤；另一种是沟谷薄层型，面积 36 000 余亩，主要分布在山区和丘陵区沟谷地带，洪水冲积淤积成的淤垫土。土层较薄，下部出现卵石层和砾石层。其特点是：土层薄且不同程度夹有砾石，保水保肥性能差，土壤温差大，水、肥、气、热不够协调。对于山地薄层型土壤，应保护好自然植被，防止水土流失。对沟谷地带薄层型，多为农业利用，可采用洪淤、人工堆垫等办法，逐年加厚土层。

2. 通体型 分 3 种类型。

①通体沙壤型。是神池县分布面积最大的一种土体构型，面积 50 余万亩。全县山地、丘陵、平川均有大面积分布。主要发育在黄土和黄土状母质上，土层深厚，上下质地均一，土壤软绵，土性柔和，通透性能好，供水肥能力较好。但有机质分解快积累少，养分贫乏，水分条件差，受干旱威胁，保水肥能力差。

②通体轻壤型。这种土壤构型在山区、丘陵、平川均有零星分布，面积 8 万余亩，发育在黄土和黄土状母质上。土层深厚，上下质地均一，无不良层次出现，保水保肥能力较好，通透性适中，土壤中水、肥、气、热 4 种因素协调，是一种较理想的土体结构。

③通体中壤型。分布面积小，只在龙泉镇有零星分布，面积 3 359 亩。此类型土壤，在整个土体中一般 60 厘米以上为中壤，下部是重壤，110 厘米以下出现黏土。这种土体构型比较好，通透性稍差，易起小坷垃，保水保肥性能好，水、肥、气、热基本协调。

二、土壤化学性质及评价

（一）土壤 pH

指土壤的酸碱程度，是土壤重要的化学性质之一。它不仅直接影响植物和土壤微生物的生长，而且也是划分土壤类型的一个依据。土壤过酸过碱都影响到土壤养分的转化及其有效性，也会影响到土壤的结构，使土壤物理性状变坏，因此是影响土壤肥力的重要因素之一。各种作物对酸碱度要求不同，但多数作物适宜在中性及微酸、微碱的土壤中生长。

神池县土壤 pH 为 5.5～8.8，一般山地土壤 pH 为 5.5～7.6，显示酸性，盐碱土为 8.1～8.5，其余土壤为 8～8.3。

神池县土壤富含 $CaCO_3$、$Ca(HCO_3)_2$，所以土壤 pH 一般都中偏碱，在同一土壤中，有机质高的土壤 pH 低于有机质贫乏的土壤，从 pH 垂直分布看，一般是下部心土层，底土层高于表士层（耕作层），这是由于二价可溶性 Ca^{2+}、Mg^{2+} 离子被淋溶到下部所致，当然耕作层有机质含量高也是原因之一。

作物对 pH 的要求范围一般为微酸—微碱。而神池县多数耕作土壤为中性—微碱性。因此对作物无不良影响，在适宜范围内，只是盐碱土 pH 偏高。石灰性土壤会使土壤中磷酸盐有效性降低，形成磷酸钙而被土壤固定。所以在施入磷肥时，一定要进行沤制，以减少土壤对磷素的固定而提高肥效。

（二）土壤碳酸钙含量

对于石灰性土壤来讲，通常以碳酸钙在剖面中的淋溶和淀积状况作为判断土壤形成状况和肥力特征之一，碳酸钙对土壤养分的有效性及土壤肥力具有较大的影响，同时也是植物所需钙素的来源之一。土壤中碳酸钙的含量与 pH 有密切关系：当 pH 在 6.5 以上时，就可能有极少量的游离碳酸钙存在，随着碳酸钙含量的增加，土壤 pH 增高，但有机质在分解时产生 CO_2 则可使碳酸盐转化为重碳酸盐，降低土壤溶液的 pH。因此，随着土壤中碳酸钙和有机质含量的变化，石灰性土壤溶液的 pH 为 6.5～8.5。

神池县土壤中碳酸钙含量为 6.6%～9.2%，最高的 10.9%；最低的 3.6%。棕壤碳酸钙含量极微，0.15%～0.9%；栗褐土和淡栗褐土碳酸钙含量高，一般为 7.5%～9.5%；风沙土含量较高为 4.8%，平川区黄土状物质上的土壤碳酸钙含量为 6.6%～8%。总的趋势是丘陵区＞平川区＞山区。从垂直分布看，一般是表土低、心土层和底土层较高。

总之，神池县土壤碳酸钙的含量是比较丰富的。碳酸钙中的钙离子对土壤中负电胶体有凝聚作用，对形成土壤结构，提高土壤肥力极为有利。同时碳酸钙在剖面中淀积部位和数量也说明神池县土壤中蒸发大于降水，在成土过程中淋溶作用弱，土壤发育差。

（三）土壤代换量

土壤代换量也称阳离子代换量，一般以 100 克土壤中所吸附的阳离子的毫克当量数表示。代换量越大，说明土壤保供肥性能越好，所以测定代换量可以了解土壤的肥力状况。神池县农区土壤代换量一般为 3.14～6.27me/百克土，最高的 8.03me/百克土，最低的 1.98me/百克土，山地自然土壤代换量高达 21.45me/百克土，丘陵区为 3.14～4.05me/百克土，平川区为 6.0～7.37me/百克土。一般有机质含量高的土壤代换量也高，土壤质地细的比粗的高。见表 3-23。

表 3-23　各亚类典型剖面有机质、质地与代换量

亚类名称	剖面号	有机质（%）	质地	代换量（me/百克土）
棕壤性土	074—40	8.983	轻壤	25.10
棕壤性土	07—60	7.264	沙壤	21.30
淡栗褐土	07—17	4.869	沙壤	18.08
淡栗褐土	13—97	3.067	沙壤	13.31
淡栗褐土	06—11	0.447	沙壤	4.05
淡栗褐土	04—82	1.049	轻壤	6.24
草原风沙土	08—20	0.950	沙壤	1.47
盐化潮土	01—05	1.345	轻壤	7.22
栗褐土	02—75	0.825	轻壤	5.07
淡栗褐土	02—69	0.825	轻壤	8.97

代换量从剖面垂直分布看，一般表层高于心土层，但夹黏层和埋藏黑垆土层往往高于表土层。代换量＞20me/百克土，保肥能力强；代换量 10～20me/百克土，保肥能力中

等；代换量<10me/百克土，保肥能力低。

神池县土壤代换量水平是很低的，说明土壤保肥保水能力差，所以应采取措施，增加土壤中有机质含量，增加土壤的有机胶体．逐步提高土壤代换量，增强土壤保水保肥性能。

三、土壤养分状况及其评价

神池县土壤养分的特点是“缺磷少氮，钾有余”，有机质含量低，肥力水平低。除南部管涔山分布的棕壤、淡栗褐土以及低山区山栗褐土等自然土壤有机质含量较高外，广大丘陵地区和平川地区有机质均较低，尤其是农业土壤更低。

按照1983年土壤普查，神池县耕种土壤养分状况是有机质为6.6～0.85克/千克，全氮0.5～0.4克/千克，以五级、六级为多；有效磷为3～5毫克/千克，有相当一部分土壤有效磷小于3毫克/千克，也以五级、六级为多；速效钾较高，一般土壤速效钾含量大于100毫克/千克，属三级以上。

2008—2010年耕地土壤化验结果变化情况见表3-24、图3-1。

表3-24　神池县土壤养分变化表

项　目		1984年土壤普查	2008—2010年测土施肥	增减（±）
有机质（克/千克）	汇总点数	609	6 900	
	平均值	7.82	9.267	+1.447
全　氮（克/千克）	汇总点数	287	6 900	
	平均值	0.42	0.715	+0.295
有效磷（毫克/千克）	汇总点数	606	6 900	
	平均值	5.586	9.597	+4.371
速效钾（毫克/千克）	汇总点数	225	6 900	
	平均值	161.793	104.896	−56.897

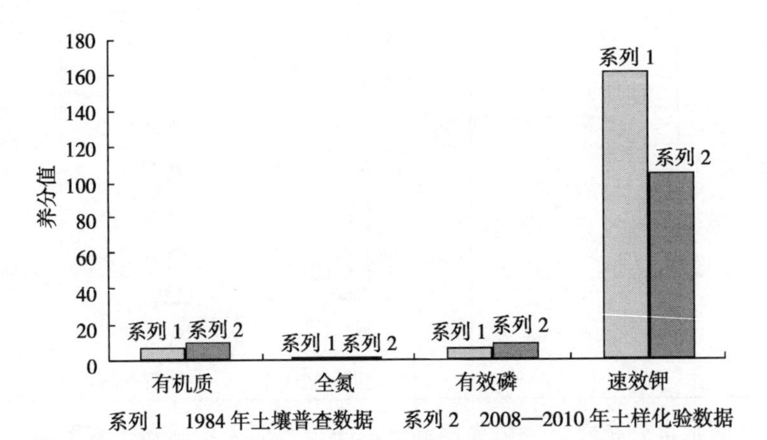

图3-1　第二次土壤普查后主要养分变化情况

从养分变化表中可以看出，神池县土壤有机质、全氮、有效磷含量呈上升趋势，速效钾呈下降趋势。有机质 2008—2010 年化验结果年比 1984 年第二次土壤普查时增加 1.447 克/千克，全氮 2008—2010 年化验结果比 1984 年第二次土壤普查时增加 0.295 克/千克，有效磷 2008—2010 年化验结果比 1984 年第二次土壤普查时增加 4.371 毫克/千克，变化幅度较大，速效钾 2008—2010 年化验值为 104.896 毫克/千克，1984 年第二次土壤普查时化验值为 161.793 毫克/千克。两种化验方法不同，不能从数字上看出增减，但神池县农民不施钾肥，同时秸秆不还田，使土壤中的速效钾消耗过大，收不抵支是肯定的。氮、磷素增加与逐年氮肥、磷肥施用量大有关，有机质提高与耕作使土壤熟化有关。

在广大黄土丘陵区，耕种土壤有机质含量 4.8～7.6 克/千克，全氮 0.3～0.4 克/千克。只有中低山区丘陵埋藏黑垆土地区有机质含量偏高，为 8～10 克/千克，全氮 0.6～0.8 克/千克，而该区域有效磷含量极低。为 1～3 毫克/千克。

平川区八角、长畛、大严备等丘陵坪地，有机质含量在 7.1 克/千克左右，全氮 0.37 克/千克，速效磷为 3～5 毫克/千克。在朱家川河流域平川土壤有机质含量 6.4～8.7 克/千克，全氮 0.4 克/千克左右，有效磷除贺职乡含量较高（多数地块为 9～10 毫克/千克）外，其余乡（镇）只有 4～5 毫克/千克。虎北，义井，太平庄，东湖、城关等乡（镇）的山前倾斜平原，由于母质为洪积物，所以，有机质含量较高，达 10 克/千克左右，全氮 0.6 克/千克，但有效磷含量很低，为 3～5 毫克/千克。

（一）土壤有机质及其评述

土壤有机质是土壤肥力的基础。它包括了动植物体，施入土壤的有机肥以及微生物作用所形成的腐殖质。有机质包含有大量的 C、H、O、N、S、P 和少量的 Fe、Mg 等元素，有机质经矿质化和腐殖化 2 个过程，产生了无机盐和 CO_2，释放出养分供作物吸收利用，同时改良土壤结构，有机质可改善土壤的理化性质，协调土壤的水、肥、气、热，为作物生长提供良好的生活环境。神池县土壤有机质含量分级情况见表 3-25。

表 3-25 神池县耕地土壤有机质含量分级情况统计表

级别	1	2	3	4		5		6
				4_1	4_2	5_1	5_2	
分级标准（克/千克）	≥40	30～40	20～30	15～20	10～15	8～10	6～8	<6
面积（亩）	1 972	7 832	9 762	7 614	96 300	152 300	270 220	301 000
占耕地比例（%）	0.23	0.92	1.15	0.9	11.36	17.94	32	35.5

一级　面积 1 972 亩，占总耕地面积的 0.23%。主要分布在太平庄乡西岭、岭脚底、宋村、窝铺沟等村和虎北乡的东毛家皂村、西毛家皂村、水泉梁村、碾槽沟村的高中山针叶林区，土种为耕种壤中后层碳酸盐类棕壤性土。这一地区海拔在 1 900 米以上，气候冷凉，雨量充沛，冬长雪厚，夏短凉爽，无霜期短、植被茂密，覆盖度高，湿度大，土壤经常保持湿润，以嫌气微生物活动为主，分解慢，积累多，养分难以释放，加之形成有机质的动植物残体多，造成土壤内有机质的大量积存，所以有机质含量高。

该地区虽有机质含量高，但由于受气候因素的限制，有效养分释放缓慢，利用率低，种植莜麦、马铃薯、豌豆等喜凉作物，亩产 70～80 千克。

二级　面积 7 832 亩，占总耕地面积的 0.92%。分布在县境东北部土石山区的烈堡、大严备、东湖等乡（镇）的山地区，以及太平庄、虎北 2 个乡的管涔山低山地区，海拔 1 600～1 800 米。包括土壤类型有棕壤、栗褐土和淡栗褐土以及烈堡乡石湖村一带分布的耕种壤深位黑垆土层黄土状栗褐土土种。

该区为低山区，气温较低，雨量一般，多数土层较薄。自然植被覆盖较好。

三级　面积 9 762 亩，占总耕地面积的 1.15%。主要分布于八角、烈堡、温岭等乡（镇）的低山区，同时在大严备、东湖、红崖子等乡（镇）也有零星分布。包括的土壤类型主要是栗褐土，仅在太平庄乡分布有淡栗褐土。

四级　面积 103 914 亩，占总耕地面积的 12.26%。分为 4_1级和 4_2级。

4_1级：面积 7 614 亩，占全县总耕地面积的 0.9%。多数乡（镇）均有零星分布。在太平庄、虎北、长畛、八角、红崖子乡（镇）的山区有较大面积分布。土壤类型为栗褐土，仅龙泉镇平川地分布有淡栗褐土。

该区为半干旱山区，植被稀疏，覆盖度低，土体干旱，蒸发大于降水，有机质分解快而累积少。

这一地区多数为山地土壤，仅城龙泉镇平川区有小面积肥力较高的耕种土壤，对于这一部分土壤一定要种养结合，才能逐步实现高产。

4_2级：面积 96 300 亩，占总耕地面积的 11.36 %。在全县山区、丘陵、平川均有分布，但主要集中分布在东湖、龙泉、虎北、烈堡以及太平庄等乡（镇）。

包括的土壤类型主要有栗褐土、淡栗褐土、潮土等土类，是神池县丘陵平川区肥力较高的土壤类型，除城关盐化潮土外，是神池县耕种土壤中最好的土壤。该区有机质含量较高，土壤较肥沃，产量为 120～150 千克，但必须注意用地养地结合，才能进一步提高粮油产量。

五级　面积 422 520 亩，占总耕地面积的 49.94%。分为 5_1级、5_2级 2 个级。

5_1级：面积 152 300 亩，占总耕地面积的 17.94%。

5_2级：面积为 270 220 亩，占总耕地面积的 32%。

5 级在全县各公社丘陵平川区均有大面积分布，且 5_1级、5_2级呈复域分布，包括了丘陵平川区中等肥力水平的灰褐土性土和淡灰褐土（多为耕种土壤）以及少部分耕种山地灰褐土。

根据该地区土壤肥力状况，今后培肥土壤应实行两田制，即重点田和草田轮作。集中施用肥料或粮豆轮作，重点田集中施用肥料，培肥土壤，提高单产；劣地、远地、缓坡地实行粮草轮作，以草肥田，以草养畜，改恶性循环为良性循环。

六级　面积 301 000 亩，占总耕地面积的 35.5%。主要分布在西北黄土丘陵地区八角、长畛、贺职等乡（镇），土壤类型主要是栗褐土和风沙土。该区气候温和，雨量少，有机质分解快，积累少，是有机质分级中最低一级，种植作物亩产 50 千克左右。

神池县土壤耕作层有机质含量特点是：山区高于平川，平川高于丘陵，东北土石山区黑垆土高于西北丘陵区黄土。

总之，神池县耕作土壤有机质含量普遍是贫乏的，土壤肥力较低。有机质含量在 6～10 克/千克的（5 级和 6 级）耕作土壤面积共有 723 520 亩，占到全县总耕地面积的

85.44%，有机质含量在 6%～8%（6 级和 5_2级）的低产土壤有 571 220 亩，占到全县总耕地面积的 67.5%。因此，要改变目前土壤肥力低的状况，持续不断地提高产量，必须走有机旱作道路，广开肥源，增施有机肥料，采取粮草轮作，粮豆轮作，粮肥轮作。大力扩大豆类作物的种植面积，增施化肥，以无机换有机，退耕还牧，以牧促农等一系列综合措施，以培肥土壤，提高地力，达到以肥调水，提高土壤蓄水能力，是神池县获得农业高产的唯一途径。

（二）土壤全氮及其评述

土壤中氮素的形态可分为有机态氮和无机态氮两类。一般能被植物直接吸收利用的无机态氮仅占全氮的 5%，而 95%左右则以有机态氮存在于土壤中的腐殖质、动植物残体和微生物中。这些有机态氮素在好气性微生物活动下，经矿化后，才能转化成速效养分被植物吸收利用。见表 3-26。

表 3-26　神池县耕地土壤全氮含量分级情况

级别	1	2	3	4		5		6
				4_1	4_2	5_1	5_2	
分级标准（克/千克）	≥2.0	1.5～2.0	1～1.5	0.9～1	0.75～0.9	0.65～0.75	0.5～0.65	<0.5
面积（亩）	15 270	1 220	1 210	200	3 100	11 000	431 600	383 400
占耕地比例（%）	1.8	0.14	0.14	0.02	0.37	1.3	50.96	45.27

一级　面积 15 270 亩，占总耕地面积的 1.8%。主要分布在南部管涔山、虎北、太平庄乡和北部山区烈堡、龙泉、东湖等乡（镇）。包括土壤类型有棕壤、栗褐土及部分淡栗褐土。

本区海拔在 1 900 米以上，气温低，雨量多，植被覆盖茂密，土体潮湿，以嫌气微生物活动为主，土壤有机质分解缓慢而积累多。全氮量以有机态氮为主，所以，作物产量低，一般亩产 70～80 千克。

二级　面积 1 220 亩，占总耕地面积的 0.14%。

三级　面积 1 210 亩，占总耕地面积的 0.14%。

2 级和 3 级所处地理气候等自然条件相似，主要分布在大平庄、龙泉、义井等乡（镇）的低山区，包括土壤类型为淡栗褐土。在神池县分布面积很小，应以规划为养殖用的草坡。

四级　面积 3 300 亩，占总土地面积的 0.39%。分布面积很小，仅在烈堡、八角、太平庄等乡（镇）的山区有零星分布，包括土壤类型山地灰褐土，分为 4_1级和 4_2级。

4_1级：面积 200 亩，占总耕地面积的 0.02%。

4_2级：面积 3100 亩，占总耕地面积的 0.37%。

4 级地区为低山区，岩石裸露，土层薄，应退耕还林还草为自然牧坡。

五级　面积 442 600 亩，占总耕地面积的 52.26%，分为 5_1 级和 5_2 级。

5_1级：面积 11 000 亩，占总耕地面积的 1.3%。

5_2级：面积 431 600 亩，占总耕地面积的 50.96%。

5 级在全县各乡（镇）均有零星分布，包括土壤类型主要是灰褐土性和淡灰褐土。是神池县丘陵平川区耕种土壤中较肥沃的土壤。对于这部分耕地应用养结合，逐步培肥地力，产量将会逐步提高。

六级　面积 383 400 亩，占总耕地面积 45.27%。在全县丘陵平川地区均有大面积分布，土壤类型有栗褐土、淡栗褐土以及风沙土。

该区人少地多，广种薄收，耕作粗放，用地不养地，用养结合差，使土壤养分亏损，土壤肥力下降，只有走有机旱作道路，通过粮草轮作，绿肥压青，增施有机肥料，培肥土壤，产量才会不断提高。

总之，神池县土壤中全氮含量除山区自然土壤较高外，一般都很缺乏。全氮含量小于 0.65 克/千克的 5_2 级和六级地占到全县总耕地面积的 96.23%，这充分说明神池县土壤氮素养分的贫乏状况。要改变这种状况，必须走有机旱作道路，通过增施有机肥和化肥，实行草田轮作，粮肥轮作等一系列综合措施，提高土壤肥力，才能保证粮油产量逐步提高，否则，将形成恶性循环，降低土地生产力。

（三）土壤有效磷及其评价

磷是作物所必需的三要素之一。它对作物的新陈代谢、能量转化、酸碱度变化都起着重要作用，磷还可以促进作物对氮素的吸收利用。

土壤中的全磷可分为有机磷和无机磷两大类。全磷大部分以迟效性状态存在于土壤中。全磷量的高低不能作为衡量土壤中磷素的供应水平，而只能说明土壤全磷的潜在水平。只有有效磷含景才能作为磷的供应指标，全磷和速效磷往往并不相关。

神池县耕地土壤有效磷分级情况见表 3-27。

表 3-27　神池县耕地土壤有效磷分级情况统计

级别	1	2	3	4	5	6
分级标准（毫克/千克）	≥4	3～4	2～3	1.5～2	0.8～1	<0.6
面积（亩）	3 420	13 800	76 950	272 290	141 650	338 890
占耕地比例（%）	0.4	1.6	9.1	32.15	16.75	40

一级　面积 3 420 亩，占总耕地面积的 0.4%。零星分布于朱家川河流域贺职乡的桥上、东龙门庄、西龙门庄、贺职、南坡底等村以及虎北乡山丛林村低山区，包括土壤类型有栗褐土、淡栗褐土、棕壤。这些地区土壤中磷素含量水平高，主要原因是近年来施用磷肥较多，有效磷含量众数值 4.6～4.7 毫克/千克。

二级　面积 13 800 亩。占总耕地面积的 1.6%。在太平庄、虎北乡中高山地以及义井、贺职、东湖、烈堡、长畛等乡平川地区均有零星分布。

这类地区磷素含量高，中高山是因为有机质含量高，平川区则是由于施磷肥数量多。有效磷众数值 23.84～30 毫克/千克。

三级　面积 76 950 亩，占总耕地面积的 9.1%。主要分布在贺职、八角、东湖、烈堡、龙泉等乡（镇）的丘陵平川区和虎北乡山地区。包括土壤类型有淡栗褐土、棕壤。有效磷含量众数值 11.34～13.83 毫克/千克。

四级　面积 272 290 亩，占总耕地面积的 32.15%。本级在全县各乡（镇）均有分布，其中丘陵区面积最大，平川、山区次之。包括土壤类型有淡栗褐土、栗褐土、棕壤。有效磷含量众数值 5～7.7 毫克/千克。

五级　面积 141 650 亩，占总耕地面积的 16.75%。全县各乡（镇）均有分布。包括土壤类型较多，但面积最大的是淡栗褐土。有效磷含量众数值 3～4 毫克/千克。

六级　面积 338 890 亩，占总耕地面积的 40%。除龙泉镇、贺职乡仅有小面积零星分布外，其余各乡（镇）均有较大面积分布。包括土壤类型很多，除棕壤、淡栗褐土外，其余各土类均有分布。有效磷众数值 1.34～2.7 毫克/千克。

总之，从全县耕作土壤含有效磷水平看有效磷含量在小于 1.0 毫克/千克的五级、六级只占到总耕地面积的 56.75%。说明神池县土壤中含磷水平是很低的，有近 2/3 的耕地面积极缺磷。所以，在抓有机肥、氮肥的同时，还必须大抓磷肥的施用。以提高土壤中磷素含量水平。只有氮、磷配合协调，才能获得较高的产量。近年来，全县在抓磷肥的施用上已取得了很大成绩。

（四）土壤速效钾及其评价

钾素是农作物需要的主要元素之一。土壤中的钾素可分为迟效性钾和速效性钾两类。其中速效钾可以直接被作物吸收利用，是反映土壤中钾素水平的主要指标。土壤钾素的供应水平反映了含钾矿物分解成可被作物吸收的 K^+ 离子的速率和数量。耕作等措施可以改变土壤的钾素供应水平。神池县土壤速效钾养分含量分级情况见表 3-28。

表 3-28　神池县耕地土壤速效钾含量分级情况统计

级别	1	2	3	4	5	6
分级标准（毫克/千克）	≥200	150～200	100～150	50～100	30～50	<30
面积（亩）	243 300	264 800	202 400	128 700	7 800	0
占耕地比例（%）	28.72	31.27	23.9	15.19	0.92	0

一级　面积 243 300 亩，占总耕地面积的 28.72%。主要分布在八角、长畛、贺职、太平庄、虎鼻等乡（镇）的丘陵平川区以及山区。包括土壤类型有淡栗褐土、栗褐土，速效钾众数值 231.6～300 毫克/千克。

二级　面积 264 800 亩，占总耕地面积的 31.27%。主要分布在丘陵平川区的东湖、贺职、八角等乡（镇）；其次在龙泉、烈堡、义井等乡（镇）也有零星分布。包括土壤类型栗褐土，其次是平川区黄土状淡栗褐土众数值 154.3～188 毫克/千克。

三级　面积 202 400 亩，占总耕地面积的 23.9%。本级除贺职乡外，其余各乡（镇）均有分布。面积最大的是东湖乡、义井镇、东湖乡，其次是龙泉镇、虎北乡的山地区。土壤类型有栗褐土和淡栗褐土，速效钾众数值 120～137.4 毫克/千克。

四级　面积 128 700 亩，占总耕地面积的 15.19%。除八角镇、贺职乡外，其余各乡（镇）均有分布。面积最大的是太平庄、大严备、长畛乡，土壤类型栗褐土性土和淡栗褐土，速效钾众数值 68.4～85.8 毫克/千克。

五级　面积 7 800 亩，占总耕地面积的 0.92%。本级面积极小，仅在太平庄乡小山儿村有小面积的淡栗褐上。另外在大严备乡小羊泉村山地区有山地栗褐土零星分布。速效钾含量众数值 43.2 毫克/千克。

总之，神池县耕种土壤速效钾含量基本不缺且有余。其中，土壤速效钾含量高水平的（3 级以上）占到总耕地面积的 83.89%，中等水平的占 15.19%，低水平的（五级）占到 0.92%。说明神池县土壤中速效钾含量基本可以满足作物的需要，仅有五级地缺钾，如施用一定数量的钾肥，将有一定增产效果。

（五）土壤养分综合分析及其培肥方向

通过对神池县土壤养分状况的分析，从全县耕种土壤来看，总的养分状况是缺磷，少氮、钾有余，有机质处于贫乏状态。多年来，神池县广种薄收，耕作粗放，形成了恶性循环，加之该县风蚀、水蚀严重，这样就更加剧了恶性循环，尽管近年来化肥施用量，尤其是磷肥用量大增，产量暂时有了大幅度提高，但产量越高，从土壤中取走的养分也越多，如不能及时采取措施归还土壤养分，那么土壤养分就会越来越贫乏，土壤肥力就会逐年下降，土地的生产力就会遭到破坏。目前重化肥轻有机肥。重氮肥轻磷肥，只抓产量或当年产量而不顾土壤肥力下降的思想，在相当一部分领导和群众中仍还不同程度存在着，这个问题必须引起足够重视。

总之，要改变目前神池县土壤养分的贫乏状况，唯一的办法就是走有机旱作的道路，在继续抓好化肥施用的同时，必须下大力气，狠抓有机肥，从养地入手，用地养地结合，这是提高本县土壤肥力的根本途径。为了解决地多肥少的矛盾，应合理调整土地利用结构，实行“二田制”，逐步退耕一部分不宜农业利用的土地，还林还牧，把肥料重点用在基本农田，逐步培肥地力，其他农田则实行粮草轮作，粮油轮作，以草促牧，以牧养农，这样才能逐步变恶性循环为良性循环，走出一条具有神池县特点的农业现代化路子来。

第四章　耕地地力评价

第一节　耕地地力分级

一、面积统计

神池县耕地面积84.61万亩，全部是旱地，按照地力等级的划分指标，通过对10 000个评价单元*IFI*值的计算，对照分级标准，确定每个评价单元的地力等级，汇总结果见表4-1。

表4-1　神池县耕地地力统计表

等级	面　积（亩）	所占比重（%）
1	16 871.75	1.99
2	64 044.36	7.57
3	170 270.78	20.13
4	66 614.93	7.87
5	333 697.98	39.44
6	152 982.58	18.08
7	41 581.60	4.92
合计	846 064	100

二、地域分布

神池县耕地主要分布在南部高山区山前倾斜平原和山前洪积扇前沿、丘陵地区、沟谷川地区、丘涧坪地区、县川河和朱家川河流域，海拔1 300～1 800米。

第二节　耕地地力等级分布

一、一 级 地

（一）面积和分布

本级耕地主要分布在县川河流域沟谷川地上，倾斜平原和丘涧坪地上也有零星分布。面积为16 871.8亩，占全县总耕地面积的1.99%。

（二）主要属性分析

位于神池县的中南部，东西走向，呈长条状分布，与阳韩公路平行，县城所在地是神池县政治、经济、文化和交通中心。本级耕地海拔 1 300～1 500 米，土地平坦，土壤包括淡栗褐和潮土 2 个亚类，成土母质为河流冲积物和沟淤洪积物，地面坡度为 2°～3°。耕层质地为多为沙壤，土体构型为通体型，有效土层厚度 80～100 厘米，平均为 900 厘米，耕层厚度为 20 厘米，pH 的变化范围 7.96～8.38，平均为 8.26，土壤容重在 1.28～1.41 克/立方厘米，平均值为 1.38 克/立方厘米，地势平缓，无侵蚀，保水，地下水位浅且水质良好，地面平坦，园田化水平高。

本级耕地土壤有机质平均含量 9.96 克/千克，属省四级水平，比全县平均含量高 0.07 克/千克；有效磷平均含量为 8.38 毫克/千克，属省四级水平，比全县平均含量低 1.22 毫克/千克，速效钾平均含量为 99.96 毫克/千克，比全县低 4.94 毫克/千克，全氮平均含量为 0.64 克/千克，比全县平均含量低 0.08 克/千克，中量元素有效硫 14.41 毫克/千克，比全县平均含量低 3.13 毫克/千克，微量元素锰 7.25 毫克/千克，比全县平均含量高 0.59 毫克/千克，锌 0.59 毫克/千克，较全县平均水平低 0.27 毫克/千克。见表 4－2。

该级耕地农作物生产历来水平较高，从农户调查表来看，玉米平均亩产 480 千克，小杂粮亩产 190 千克，是神池县重要的粮食基地。

表 4－2　一级地土壤养分统计表

项目	平均	最大	最小	标准差	变异系数
有机质	9.96	20.00	5.63	1.96	9.96
有效磷	8.38	35.00	2.24	4.46	0.53
速效钾	99.96	320.00	56.25	49.12	0.49
pH	8.26	8.38	7.96	0.06	0.01
缓效钾	594.79	768.75	475.00	71.08	0.12
全氮	0.63	1.08	0.48	0.10	0.15
有效硫	14.41	23.38	9.54	2.43	0.17
有效锰	7.25	9.38	4.38	0.79	0.11
有效铁	5.97	7.81	4.06	0.82	0.14
有效铜	1.38	5.25	0.56	0.83	0.60
有效锌	0.59	2.81	0.23	0.35	0.59
耕层厚度	19.52	25.00	18.00	1.99	10.19

注：表中各项含量单位为：耕层厚度为厘米，有机质、全氮为克/千克，其他均为毫克/千克。

（三）主要存在问题

水资源不足，靠天吃饭，水分是限制作物高产的主要因子。产量的提高主要依赖于化学肥料的投入，引起土壤板结，有机肥施用不足，从而影响了土壤良好结构的形成。肥料施用结构不合理。

（四）合理利用

本级耕地推广配方施肥，在利用上应继续发展高效种植，大力发展设施农业，加快蔬菜生产发展。突出区域特色经济作物如南瓜等产业的开发，复种作物重点发展玉米、大豆间套。

二、二 级 地

（一）面积与分布

主要分布在西部平川，山前倾斜平原边缘，沿县川河走向与一级地呈复域分布，其次在沟谷川也有小面积分布，分布范围涉及贺职乡、义井镇、东湖乡、太平庄乡、龙泉镇 5 个乡（镇）。海拔 1 400～1 600 米，面积 64 044.364 亩，占耕地面积的 7.57%。

（二）主要属性分析

本级耕地包括棕壤性土、淡栗褐土、栗褐土 3 个亚类，成土母质为河流冲积物和黄土状母质，质地多为沙质壤土，地面平坦，坡度小于 3°，园田化水平高。有效土层厚度为 120 厘米，耕层厚度平均为 19.1 厘米，本级土壤 pH 为 7.96～8.38，土壤容重为 1.28～1.41 克/立方厘米，平均值为 1.38 克/立方厘米。

本级耕地土壤有机质平均含量 9.12 克/千克，属省五级水平；有效磷平均含量为 8.38 毫克/千克，属省五级水平；速效钾平均含量为 97.19 毫克/千克，属省五级水平；全氮平均含量为 0.59 克/千克，属省五级水平。见表 4-3。

表 4-3　二级地土壤养分统计表

项目	平均	最大	最小	标准差	变异系数
有机质	9.12	21.56	5.31	2.20	0.24
有效磷	8.38	35.00	2.24	4.46	0.53
速效钾	99.96	320.00	56.25	49.12	0.49
pH	8.26	8.38	7.96	0.06	0.01
缓效钾	594.79	768.75	475.00	71.08	0.12
全氮	0.63	1.08	0.48	0.10	0.15
有效硫	14.41	23.38	9.54	2.43	0.17
有效锰	7.25	9.38	4.38	0.79	0.11
有效铁	5.97	7.81	4.06	0.82	0.14
有效铜	1.38	5.25	0.56	0.83	0.60
有效锌	0.59	2.81	0.23	0.35	0.59
耕层厚度	19.16	22.00	16.00	1.90	11.23

注：表中各项含量单位为：耕层厚度为厘米，有机质、全氮为克/千克，其他均为毫克/千克。

本级耕地所在区域，也为农业生产主产区，是神池县的主要粮、油、瓜、果、菜区，种植业经济效益较高，玉米生产水平较高，粮食生产处于全县上游水平，是神池县重要的粮、油、菜、果商品生产基地。

（三）主要存在问题

盲目施肥现象严重，化肥投入多，有机肥投入少，用地养地脱节，水资源不足，这些问题是作物产量进一步提高的主要限制因子。

（四）合理利用

一是应"用养结合"，增施农家肥，以培肥地力为主，合理布局，实行轮作，倒茬，尽可能做到须根与直根、深根与浅根、豆科与禾本科、高秆与矮秆作物轮作，使养分调剂，余缺互补；二是推广麦谷、玉米秸秆回茬还田，提高土壤有机质含量；三是推广测土配方施肥技术，建设高标准农田。

三、三 级 地

（一）面积与分布

分布范围较广，可以概括为：一是县川河以南义井镇、太平庄乡，县川河以北东湖乡的平川地区；二是西部平川贺职乡西南边缘与五寨县接壤区域；三是丘陵地区八角镇、长畛乡（东南起八角镇的小严备村，西部至长畛乡的北沙城村整个丘涧坪地）；四是大严备乡的大羊泉和大严备村、龙泉镇的荣庄子村有小面积分布。海拔为1 400～1 580米，面积为170 270.78亩，占耕地面积的20.13%，是神池县面积较大的一个级别。

（二）主要属性分析

本级耕地自然条件较好，地势平坦。耕地包括棕壤、淡栗褐土、栗褐土3个亚类，成土母质为冲洪积物、黄土质母质和黄土状母质，耕层质地为沙壤、轻壤，土层深厚，有效土层厚度为130厘米以上，耕层厚度为19.18厘米。土体构型为通体壤，地面基本平坦，坡度2°～5°，园田化水平较高。本级的pH变化范围为7.81～8.38，平均值为8.24；土壤容重在1.28～1.41克/立方厘米，平均为1.35克/立方厘米。

本级耕地土壤有机质平均含量9.31克/千克，属省五级水平；有效磷平均含量为7.42毫克/千克，属省五级水平；速效钾平均含量为102.64毫克/千克，属省四级水平；全氮平均含量为0.64克/千克，属省五级水平。见表4-4。

表4-4　三级地土壤养分统计表

项目	平均	最大	最小	标准差	变异系数
有机质	9.31	21.25	5.00	2.20	0.24
有效磷	7.42	42.50	1.96	4.02	0.54
速效钾	102.64	380.00	53.13	31.79	0.31
pH	8.24	8.38	7.81	0.08	0.01
缓效钾	645.69	900.00	475.00	66.85	0.10
全氮	0.64	5.00	0.40	0.32	0.50
有效硫	15.20	38.75	7.57	3.86	0.25
有效锰	7.09	10.63	4.06	1.00	0.14
有效铁	5.83	13.44	3.59	1.03	0.18
有效铜	1.46	11.75	0.46	1.12	0.77
有效锌	0.72	23.75	0.23	1.19	1.65
耕层厚度	19.16	26.00	18.00	1.75	8.60

注：表中各项含量单位为：耕层厚度为厘米，有机质、全氮为克/千克，其他均为毫克/千克。

本级所在区域，粮食生产水平较高，据调查统计，玉米平均亩产 500 千克，小杂粮平均亩产 160 千克以上，油料平均亩产皮棉 100 千克左右，效益较好。

（三）主要存在问题

本级耕地灌溉条件较差，干旱较为严重；土壤肥力低，土壤有机质含量低。耕作粗放，机械化程度低。

（四）合理利用

可以选用抗旱优良品种，平衡施肥，增加有机肥的投入，科学管理，充分发挥土壤的生产性能，在提高玉米产量与品质的同时，进一步扩大马铃薯和蔬菜的生产。

四、四 级 地

（一）面积与分布

本等级耕地虽然面积较小，但在全县均有零散分布，集中分布区域一是中低山区烈堡乡的烈堡、大井沟、冯西沟等村；二是沟谷川地区东湖乡的九姑、井儿上、姜家嘴、冯庄子等村的南部阳坡地；三是严备乡的丘陵和低山阳坡地。海拔 1 400～1 500 米，是神池县需改造的中产田，面积 66 614.9 亩，占耕地面积的 7.87%。

（二）主要属性分析

该土地分布范围较大，土壤类型复杂，包括淡栗褐土、栗褐土 2 个亚类等，成土母质有黄土质、黄土状 2 种，耕层土壤质地差异较大，为沙壤、中壤、轻壤，有效土层厚度为 130 厘米，耕层厚度平均为 19.27 厘米。土体构型为通体壤、夹砾、底砾等类型。地面基本平坦，坡度 3°～10°，园田化水平较高。本级土壤 pH 为 7.96～8.38，平均值为 8.25，容重为 1.28～1.41 克/立方厘米，平均为 1.37 克/立方厘米。

本级耕地土壤有平均机质平均含量 9.83 克/千克，属省五级水平；有效磷平均含量为 8.86 毫克/千克，属省五级水平；速效钾平均含量为 106.52 毫克/千克，属省四级水平；全氮平均含量为 0.75 克/千克，属省四级水平；有效锰平均含量为 6.88 毫克/千克，有效铁为 5.71 毫克/千克，属省四级水平；有效锌为 0.70 克/千克，属省四级水平；有效硫平均含量为 16.21 毫克/千克，有效钼平均含量为 0.195 毫克/千克，属省四级水平。见表 4-5。

表 4-5　四级地土壤养分统计表

项目	平均	最大	最小	标准差	变异系数
有机质	9.83	16.88	5.63	2.00	0.20
有效磷	8.85	42.50	1.69	6.09	0.69
速效钾	106.52	246.88	56.25	24.95	0.23
pH	8.25	8.38	7.96	0.07	0.01
缓效钾	670.68	900.00	459.38	67.04	0.10

（续）

项目	平均	最大	最小	标准差	变异系数
全氮	0.75	5.00	0.40	0.60	0.80
有效硫	16.21	52.50	8.07	4.66	0.29
有效锰	6.89	10.00	3.75	1.01	0.15
有效钼	0.19	0.30	0.10	0.04	18.82
有效硼	0.96	1.50	0.50	0.15	15.14
有效铁	5.71	8.13	3.59	0.92	0.16
有效铜	1.35	5.25	0.53	0.95	0.71
有效锌	0.70	20.00	0.24	1.04	1.48
耕层厚度	19.27	26.00	17.00	2.23	11.51

注：表中各项含量单位为：耕层厚度为厘米，有机质、全氮为克/千克，其他均为毫克/千克。

主要种植作物以玉米等杂粮为主，玉米平均亩产量为450千克，杂粮平均亩产150千克以上，均处于神池县的中等水平。

（三）主要存在问题

气候条件较差，干旱少雨，耕地土壤养分低，有机肥源不足，中、微量元素含量低，例如镁、硫硼、铁、锌等。肥料施用结构不合理，重氮轻磷与钾。

（四）合理利用

施有机肥、秸秆还田；在施肥上除增加农家肥施用量外，应平衡施肥，搞好土壤肥力协调，培肥地力，防蚀保土，建设高产基本农田。

五、五 级 地

（一）面积与分布

本级耕地在神池县面积最大，分布范围最广，除县川河流域的沟谷川地外，其余地区均有分布，特别是丘陵低山区的阴阳坡上分布较广。面积333 697.98亩，占总耕地面积的39.44%。

（二）主要属性分析

该土地分布范围较大，土壤类型包括淡栗褐土、栗褐土2个亚类，成土母质有黄土质、黄土状2种，耕层土壤质地差异较大，为沙壤、中壤、轻壤，有效土层厚度为130厘米，耕层厚度为19.6厘米，土体构型为通体壤，地势不平坦，地面坡度3°以上，地下水位深，有不同程度的淋溶作用，土壤熟化程度高。pH在7.18～8.36，平均值为8.38；土壤容重为1.28～1.41克/立方厘米，平均容重为1.38克/立方厘米。

本级耕地土壤有机质平均含量9.33克/千克，有效磷平均含量为7.81毫克/千克，均属省五级水平；速效钾平均含量为105.2毫克/千克，均属省四级水平；全氮平均含量为0.71克/千克，属省四级水平；微量元素锌、铜属省三级水平；硼、铁、钼、硫、锰属省四级水平。见表 4-6。

表 4-6　五级地土壤养分统计表

项目	平均	最大	最小	标准差	变异系数
有机质	9.33	20.31	4.72	1.80	0.19
有效磷	7.81	45.00	1.41	3.72	0.48
速效钾	105.20	380.00	56.25	23.36	0.22
pH	8.25	8.38	7.18	0.07	0.01
缓效钾	666.27	900.00	459.38	51.45	0.08
全氮	0.71	6.77	0.35	0.54	0.76
有效硫	17.45	76.25	6.59	5.66	0.32
有效锰	6.56	10.00	1.56	1.21	0.18
有效铁	5.65	12.81	2.97	0.95	0.17
有效铜	1.25	20.00	0.38	0.91	0.72
有效锌	0.72	10.25	0.14	0.54	0.76
耕层厚度	19.33	25.00	18.00	2.42	11.32

注：表中各项含量单位为：耕层厚度为厘米，有机质、全氮为克/千克，其他均为毫克/千克。

种植作物以小杂粮、油料为主，据调查统计，油料平均亩产 130 千克，小杂粮平均亩产 140 千克以上，效益一般。

（三）主要存在问题

耕地土壤养分中贫乏，为中等偏下，地下水位较深，浇水困难，天然旱作，干旱年份多，园田化水平较低，农业机械化水平不高。

（四）合理利用

改良土壤，主要措施是除增施有机肥、秸秆还田外，还应种植苜蓿、豆类等养地作物，通过轮作倒茬，改善土壤理化性质；在施肥上除增加农家肥施用量外，应多施磷钾肥，平衡施肥，搞好土壤肥力协调，丘陵区整修梯田，培肥地力，防蚀保土，建设高产基本农田。

六、六 级 地

（一）面积与分布

本级耕地在神池县面积居第三位，在全县零散分布，以丘陵地区分布面积较大，包括八角镇、长畛乡、贺职乡北部山区，丘涧坪地区大严备、东湖、龙泉 3 个乡（镇）和中低山区烈堡乡也有零星分布。面积 152 982.6 亩，占全县总耕地面积的 18.08%。

（二）主要属性分析

该土地分布范围较大，土壤类型包括淡栗褐土、栗褐土、草原风沙土 3 个亚类，成土母质有黄土质、黄土状、风积物和残坡积物，耕层土壤质地多为沙壤，有效土层厚度为 80～130 厘米，耕层厚度为 19.2 厘米，土体构型为通体壤，地势不平坦，地面坡度 3°以上，pH在8.2～9.1，平均值为8.43，土壤容重为1.28～1.41克/立方厘米，平均为1.33克/立方厘米。

本级耕地土壤有机质平均含量9.50克/千克，有效磷平均含量为7.52毫克/千克，全氮平均含量为0.66克/千克，均属省五级水平；速效钾平均含量为100.72毫克/千克，属省四级水平，硫和其他微量元素均属省五级水平。见表4-7。

表4-7　六级地土壤养分统计表

项目	平均	最大	最小	标准差	变异系数
有机质	9.49	20.63	5.00	1.99	0.21
有效磷	7.52	45.00	1.96	3.71	0.49
速效钾	100.72	280.00	50.00	23.07	0.23
pH	8.26	8.38	7.96	0.06	0.01
缓效钾	656.04	881.25	475.00	54.14	0.08
全氮	0.66	5.00	0.41	0.27	0.41
有效硫	17.92	52.50	8.07	4.75	0.26
有效锰	6.85	10.63	3.44	1.21	0.18
有效铁	6.04	12.81	3.44	1.09	0.18
有效铜	1.29	10.13	0.53	0.87	0.67
有效锌	0.81	6.63	0.17	0.62	0.76
耕层厚度	20.12	27.00	18.00	2.35	11.52

注：表中各项含量单位为：耕层厚度为厘米，有机质、全氮为克/千克，其他均为毫克/千克。

种植作物以小杂粮、马铃薯为主，据调查统计，小杂粮平均亩产130千克，马铃薯亩产1 000千克。

（三）存在问题及合理利用

坡耕地支离破碎，土壤团粒结构差，保水保肥性能较差；干旱缺水，侵蚀严重，管理粗放。由于受自然地理环境的影响，全部是旱作区，受气候制约因素较大，因此，干旱是影响农业生产的主要因素。因此，在改良措施上，以搞好农田基本建设、提高土壤保墒能力为主。增施有机肥，平衡配方施肥，加大投入。

七、七级地

（一）面积与分布

本级耕地分布零散，南部分布在虎北乡、太平庄乡高海拔阴坡、次生林地下部，东部分布在龙泉镇、东湖乡东部边缘与朔城区接壤处，西部分布在贺职乡东北部丘陵地区，北部分布在烈堡乡最北端与偏关县接壤处。海拔范围1 400～1 800米，面积41 581.60亩，占神池县总耕地面积的4.92%，该级耕地是全县旱作农业的低产低效区。

（二）主要属性分析

该级土壤全部为旱地，土壤类型有淡栗褐土、栗褐土、草原风沙土、潮土等亚类。母质为洪积、黄土质等。质地为沙壤，部分为中壤，少数为轻壤；质地构型以通体壤为主，还有部分多姜、多砾、壤夹沙，有中度侵蚀。有效土层厚度平均为130厘米，耕层厚度平均为19.0厘米。

该级耕地多为一年一作，以小杂粮、马铃薯和油料作物为主，粮食产量120～150千克。在施肥上，有机肥极少，秸秆还田面积极少。

本级耕地土壤有机质含量范围为4.53～14.06克/千克，平均值9.72克/千克，有效磷含量范围为2.24～16.56毫克/千克，平均值6.69毫克/千克，速效钾含量范围为59.38～360.00毫克/千克，平均值97.77毫克/千克，三者均属省五级水平；全氮含量范围为0.4～1.26克/千克，平均值0.66克/千克；有效硼、锰、硫省五级水平；有效铁、有效锌、铜、钼属省五级水平；pH范围7.96～8.36，平均值8.36。见表4-8。

表4-8　七级地土壤养分统计表

项目	平均	最大	最小	标准差	变异系数
有机质	9.74	14.06	4.53	1.81	0.19
有效磷	6.69	16.56	2.24	2.33	0.35
速效钾	97.77	360.00	59.38	23.09	0.24
pH	8.25	8.38	7.96	0.06	0.01
缓效钾	648.49	862.50	412.50	49.22	0.08
全氮	0.66	1.26	0.40	0.12	0.18
有效硫	20.18	68.75	10.03	6.42	0.32
有效锰	7.24	10.63	2.81	1.49	0.21
有效铁	6.50	17.50	3.59	1.26	0.19
有效铜	1.17	6.88	0.53	0.62	0.53
有效锌	0.95	4.81	0.23	0.69	0.73
耕层厚度	19.00	27.00	10.00	3.34	16.12

注：表中各项含量单位为：耕层厚度为厘米，有机质、全氮为克/千克，其他均为毫克/千克。

（三）主要存在问题及合理利用

干旱缺水、肥力状况较差，应整修梯田，培肥地力，防蚀保土，建设高产基本农田；该级耕地条件较差，应退耕还林还草，或种植药材等适宜当地自然条件的经济作物；所处地理位置多为丘陵、山区，侵蚀严重，在改良上应以工程措施为主，实行里切外垫，提高梯田化水平。

第五章　中低产田类型分布及改良利用

第一节　中低产田类型及分布

中低产田是指存在各种制约农业生产的土壤障碍因素，产量相对低而不稳定的耕地。

通过对神池县耕地地力状况的调查，根据土壤主导障碍因素的改良主攻方向，依据中华人民共和国农业部发布的行业标准 NY/T 310—1996，引用山西省耕地地力等级划分标准，结合实际进行分析，神池县中低产田包括如下 4 个类型：瘠薄培肥型、坡地梯改型、沙化耕地型和障碍层次型。中低产田面积为 75.49 万亩，占总耕地面积的 89.22%。各类型面积情况统计见表 5-1。

表 5-1　神池县中低产田各类型面积情况统计表

类　型	面积（亩）	占总耕地面积（%）	占中低产田面积（%）
瘠薄培肥型	583 616.28	68.98	76.50
坡地梯改型	121 065.06	14.31	16.04
沙化耕地型	11 411.73	1.35	1.51
障碍层次型	38 768.67	4.58	5.14
合　　计	754 861.74	89.22	100

一、瘠薄培肥型

瘠薄培肥型是指受气候、地形条件限制，造成干旱缺水、土壤养分含量低、结构不良、投肥不足、产量低于当地高产农田，只能通过连年深耕、培肥土壤、改革耕作制度、推广旱农技术等长期性的措施逐步加以改良的耕地。瘠薄培肥型是全县中低产田的主要类型，面积为 583 616.28 亩，占耕地总面积的 68.98%，广泛分布于全县海拔 1 300～1 600 米的地区。共有 6 821 个评价单元。

二、坡地梯改型

坡地梯改型是指主导障碍因素为土壤侵蚀，以及与其相关的地形、地面坡度、土体厚度、土体构型与物质组成、耕作熟化层厚度与熟化程度等，需要通过修筑梯田埂等田间水保工程加以改良治理的坡耕地。

神池县坡地梯改型中低产田面积为 121 065.06 亩，占总耕地面积的 14.31%，共有 1 722个评价单元，零星分布于除南部高山区以外的全部乡（镇）。海拔 1 400～1 800 米。

三、沙化耕地型

本类型土壤是指发育在风沙土上的固风土壤，是分布在该县丘陵地区的一种隐域性土壤，通体沙壤无层次，母质为风积物，肥力水平低，需通过增施农家肥、合理耕作和秸秆还田等改良措施来培肥增劲，以提高其综合生产能力。本类型土壤分布在县贺职乡仁义村、宰相洼、罗家洼、韩家洼、岭后5村，面积11 411.73亩，占总耕地面积的1.35%。共有105个评价单元。

四、障碍层次型

障碍层次型是指土壤中有不良质地的层次，导致根系难以下扎，露水露肥，在神池县局部地区存在，集中在西部虎北乡虎北、塘涧、下山口3村，中部东湖乡大赵庄、小赵庄、姜家嘴、井儿上、南辛庄5村，龙泉镇温岭、窑子上、小沟儿涧、大沟儿涧、丁家梁、戎家梁、斗沟子7村。总面积38 768.67亩，占总耕地面积的4.58%。共有451个评价单元。

第二节　生产性能及存在问题

一、坡地梯改型

该类型区地形坡度大于10°，以中度侵蚀为主，园田化水平较低，土壤类型为栗褐土和淡栗褐土，土壤母质为洪积和黄土质母质，耕层质地为轻壤、中壤，质地构型有通体壤、壤夹砾，有效土层厚度大于130厘米，耕层厚度18～20厘米，地力等级多为5～7级，耕地土壤有机质含量9.27克/千克，全氮0.68克/千克，有效磷8.04毫克/千克，速效钾105.19毫克/千克。存在的主要问题是土质粗劣，水土流失比较严重，土体发育微弱，土壤干旱瘠薄、耕层浅。

二、障碍层次型

该类型耕地田面较平整，但存在障碍层，老百姓叫石衬子地，土层较薄，存在的主要问题是露水露肥。土壤类型为栗褐土，土壤母质为黄土状，地面坡度0°～3°，园田化水平较高，有效土层厚度大于120厘米。耕层厚度20厘米，地力等级为6～7级。施肥水平低，管理粗放，产量不高。

三、瘠薄培肥型

该类型区域土壤轻度侵蚀或中度侵蚀，全部为旱耕地，高水平梯田和缓坡梯田居多，土壤类型是栗褐土和淡栗褐土，各种地形、各种质地均有，有效土层厚度大于 120 厘米，耕层厚度 22 厘米，地力等级为 3～7 级，耕层养分含量有机质 9.56 克/千克，全氮 65.57 克/千克，有效磷 7.6 毫克/千克，速效钾 103.38 毫克/千克。存在的主要问题是田面不平，水土流失严重，干旱缺水，土质粗劣，肥力较差。

四、沙化耕地型

本土壤类型成土时间短，土壤熟化程度较低，养分贫乏，质地偏沙，成土母质为风积物，所以农业生产性能极差。有效土层厚度大于 130 厘米，耕层厚度 18～20 厘米，地力等级多为 5～7 级，耕地土壤有机质含量 7.59 克/千克，全氮 0.66 克/千克，有效磷 7.53 毫克/千克，速效钾 103.01 毫克/千克。存在的主要问题是土质粗劣，水土流失比较严重，土体发育微弱，土壤干旱瘠薄。

神池县中低产田各类型土壤养分含量平均值情况统计见表 5-2。

表 5-2　中低产田各类型土壤养分含量

类　型	有机质（克/千克）	全氮（克/千克）	有效磷（毫克/千克）	速效钾（毫克/千克）
瘠薄培肥型	9.55	0.68	7.60	103.38
坡地梯改型	9.27	0.76	8.04	105.19
沙化耕地型	7.59	0.66	7.53	103.00
障碍层次型	9.72	0.62	7.81	99.68
合计平均	9.37	0.68	7.23	100.40

第三节　改良利用措施

神池县中低产田面积 75.49 万亩，占现有耕地的 89.22%。严重影响全县农业生产的发展和农业经济效益，应因地制宜进行改良。

总体上讲，中低产田的改良、耕作、培肥是一项长期而艰巨的任务。通过工程、生物、农艺、化学等综合措施，消除或减轻中低产田土壤限制农业产量提高的各种障碍因素，提高耕地基础地力，其中耕作培肥对中低产田的改良效果是极其显著的。具体措施如下：

1. 施有机肥　增施有机肥，增加土壤有机质含量，改善土壤理化性状并为作物生长提供部分营养物质。据调查，有机肥的施用量达到每年 2 000～3 000 千克/亩，连续施用 3 年，可获得理想效果。主要通过秸秆还田和施用堆肥厩肥、人粪尿及禽畜粪便、种植牧草和绿肥作物来实现。

2. 测土配方施肥　依据当地土壤实际情况和作物需肥规律选用合理配比，有效控制化肥不合理施用对土壤性状的影响，达到提高农产品品质的目的。

（1）巧施氮肥：速效性氮肥极易分解，通常施入土壤中的氮素化肥的利用率只有 25%～50%，或者更低。这说明施入土壤中的氮素挥发渗漏损失严重。所以在施用氮素化肥时一定注意施肥方法施肥量和施肥时期，提高氮肥利用率，减少损失。

（2）重施磷肥：本区地处黄土高原，属石灰性土壤。土壤中的磷常被固定，而不能发挥肥效，通过测土配方施肥项目土样化验，神池县土壤有效磷含量属省 5 级水平，说明土壤磷素明显不足。加上部分群众重氮轻磷，作物吸收的磷得不到及时补充。试验证明，在缺磷土壤上增施磷肥增产效果明显。可以增施人粪尿与骡马粪的堆沤肥，其中的有机酸和腐殖酸能促进非水溶性磷的溶解，提高磷素的活力。

（3）因地施用钾肥：本区土壤中钾的含量虽然在短期内不会成为限制农业生产的主要因素，但随着农业生产的进一步发展和作物产量的不断提高，土壤中的有效钾的含量也会处于不足状态，近几年的土样化验结果与 1983 年土壤普查比较，可以明显地看到全县速效钾含量 30 年来下降了 56.9 毫克/千克，加之秸秆还田没有受到农民的普遍重视，所以在生产中，应定期监测土壤中钾的动态变化，及时补充钾素。

（4）重视施用微肥：作物对微量元素肥料需要量虽然很小，但能提高产品产量和品质，有其他大量元素不可替代的作用。据调查，全县土壤硼、锌、锰、铁等含量均不高，近年来玉米施锌试验表明，增产效果很明显。

然而，不同的中低产田类型有其自身的特点，在改良利用中应针对这些特点，采取相应的措施，现分述如下：

一、坡地梯改型中低产田的改良作用

1. 梯田工程　此类地形区的深厚黄土层为修建水平梯田创造了条件。梯田可以减少坡长，使地面平整，变降雨的坡面径流为垂直入渗，防止水土流失，增强土壤水分储备和抗旱能力，可采用缓坡修梯田，陡坡种林，增加地面覆盖度。

2. 增加梯田土层及耕作熟化层厚度　新建梯田的土层厚度相对较薄，耕作熟化程度较低。梯田土层厚度及耕作熟化层厚度的增加是这类田地改良的关键。梯田土层厚度的一般标准为：土层厚度大于 80 厘米，耕作熟化层厚度大于 20 厘米；有条件的应达到：土层厚度大于 100 厘米，耕作熟化层厚度大于 25 厘米。

3. 农、林、牧并重　此类耕地今后的利用方向应是农、林、牧并重，因地制宜，全面发展。此类耕地应发展种草、植树，扩大林地和草地面积，促进养殖业发展，将生态效益和经济效益结合起来，如实行农（果）林复合农业。

二、瘠薄培肥型中低产田的改良利用

1. 平整土地与条田建设　将平坦垣面及缓坡地规划成条田，平整土地，以蓄水保墒。通过水土保持和提高水资源开发水平，发展粮果生产。

2. 实行水保耕作法　在平川区推广地膜覆盖、生物覆盖等旱农技术：山地、丘陵推广丰产沟田或者其他高耕作物及种植制度和地膜覆盖、生物覆盖等旱农技术，有效保持土壤水分，满足作物需求，提高作物产量。

3. 大力兴建林带植被　因地制宜地将造林、种草与农作物种植有效结合，兼顾生态效益和经济效益，发展复合农业。

三、障碍层次型中低产田的改良利用

神池县障碍层次型耕地虽然面积不大，分布范围不广，但仍需改良以提高其生产能力。

1. 大力开展小流域治理工程，通过坝淤来增加土层厚度，使障碍层下移，确保作物根系有有效地下扎空间。

2. 植树种草以保持水土，防治水土流失，确保有效耕作层不至于越来越薄。

3. 人工堆垫，以逐年加厚土层。

4. 机械化深耕加人工拣除砾石，打破犁底层，可增加耕层厚度，同时深耕改良使障碍层逐年消失。

四、沙化耕地型中低产田的改良利用

神池县地广人稀，人均耕地 10.3 亩，所以本类型耕地应退耕还林、植树种草，起到防风固沙的作用，使这部分耕地变成林草地。

第六章　耕地地力调查与质量评价的应用研究

第一节　耕地资源合理配置研究

一、耕地数量平衡与人口发展配置研究

神池县人少地多，耕地资源丰富，虽然近年来退耕还林，山庄撂荒，公路、乡镇企业基础设施等非农建设占用耕地呈上升趋势，导致耕地面积逐年减少，同时人口在小幅上涨，但总体上讲，神池县耕地不存在不足的问题。纵向地看，新中国成立初期（1949年），全县人口 5.35 万人，耕地 63.95 万亩，农作物种植面积 63.95 万亩，人均 11.8 亩；1985 年全县人口 7.87 万人，耕地 77.99 万亩，农作物种植 77.99 万亩，人均 9.9 亩；2005—2008 年，人口 10.4 万人，耕地 84.69 万亩，人均 8.14 亩，农作物种植面积 64.04 万亩；2008 年至 2011 年第二次土地调查结果，神池县可耕地 91.06 万亩（包括退耕还林耕地），人口 10.65 万人，人均 8.55 亩，农作物种植面积 71.32 万亩左右。从耕地保护形势看，神池县耕地面积呈上升趋势，而人口增长缓慢，全县人均 8.5 亩，农民人均 10.63 万亩，不存在耕地不足的问题。横向地看，西部平川、县城和大乡镇所在地人多地少，如贺职乡人均耕地不足 5 亩，龙泉镇城关所属 4 个村委，耕地基本转为非农地，人均不足 2 亩；而广大丘陵地区、中低山区人少地多，人均 20 余亩，导致耕作粗放，广种薄收。总之，神池县不存在耕地不足的问题，相反，由于地多导致农民广种薄收的经营状况是需要解决的现实问题，这样，通过农业内部产业结构调整，一是实施退耕还林、还草，发展林草业和畜牧业；二是在保留的平川地、梯田地、缓坡地上大力加强农业基础设施建设，提高耕地生产能力和抵御自然灾害的能力，耕地总量和力量靠提高农民生产能力和单位耕地产出能力来实现农业增效和农民增收。

实际上，神池县提高耕地综合生产能力仍有很大潜力，只要合理安排，科学规划，集约利用，完全可以兼顾耕地与建设用地和退耕还林还草的要求，实现社会经济的全面、持续发展。

二、耕地地力与粮食生产能力分析

（一）耕地粮食生产能力

耕地生产能力是决定粮食产量的决定因素之一。近年来，从全国看，由于受到种植结构调整和建设用地增加、退耕还林还草等因素的影响，粮食播种面积在不断减少，而人口在不断增加，对粮食的需求量也在增加。保证粮食需求、挖掘耕地生产潜力已成为农业生

产中的大事，神池县虽然耕地充足，但农民追求经济利益，粮食作物种植面积也在逐年减少，加之小杂粮产量低，所以同样不能轻视粮食安全问题。

耕地的生产能力是由土壤本身肥力作用所决定的，其生产能力分为现实生产能力和潜在生产能力。

1. 现实生产能力 全县现有耕地面积为84.69万亩（包括已退耕还林及园林面积），而中低产田就有75.49万亩之多，占总耕地面积的98.01%，而且全部为旱地。这必然造成全县现实生产能力偏低的现状。再加之农民对施肥，特别是有机肥的忽视，以及耕作管理措施的粗放，这都是造成耕地现实生产能力不高的原因。2005年，全县粮食播种面积为39.65万亩，粮食总产量为3.662万吨，亩产约92.36千克；油料作物播种面积为21.42万亩，总产量为0.582万吨，亩产约27.32千克/亩，蔬菜面积为1.57万亩，总产量为1.46万吨，亩产为929千克，饲草1.4万亩（表6-1）。

表6-1 神池县2005年粮食产量统计

项目	总产量（万吨）	平均单产（千克）
粮食总产量	3.662	92.36
玉米	1.946	247.80
小杂粮	1.004	62.70
马铃薯（折粮）	0.712	71.84
蔬菜	1.460	9 289.00

目前，神池县土壤有机质含量平均为9.267克/千克，全氮平均含量为0.715克/千克，有效磷含量平均为9.597毫克/千克，速效钾平均含量为104.896毫克/千克。

神池县可耕地总面积91.06万亩（包括退耕还林及园林面积），现有耕地84.69万亩，全部是旱地，中低产田75.49万亩，占耕地总面积的89.14%。

2. 潜在生产能力 生产潜力是指在正常的社会秩序和经济秩序下所能达到的最大产量。从历史的角度和长期的利益来看，耕地的生产潜力是比粮食产量更为重要的粮食安全因素。

神池县是山西省较大的粮、油生产基地之一，土地资源丰富，土质较好，光照和降雨资源充足。全县现有耕地中，一级、二级、三级地占总耕地面积的29.69%，其亩产大于500千克；低于六级，即亩产量小于300千克的耕地占耕地面积的4.91%。经过对全县地力等级的评价得出，84.69万亩耕地以全部种植粮食作物计，其粮食最大生产能力为16 930万千克，平均单产可达200千克/亩，全县耕地仍有很大生产潜力可挖。

纵观神池县近年来的粮食、油料作物、蔬菜的平均亩产量和全县农民对耕地的经营状况，全县耕地还有巨大的生产潜力可挖。如果在农业生产中加大有机肥的投入，采取平衡的施肥措施和科学合理的耕作技术，全县耕地的生产能力还可以提高。从近几年全县对玉米、马铃薯、谷子平衡施肥观察点经济效益的对比来看，平衡施肥区较习惯施肥区的增产率都在13.5%左右，甚至更高。如果能进一步提高农业投入比重，提高劳动者素质，下大力气加强农业基础建设，特别是农田水利建设，稳步提高耕地综合生产能力和产出能力，实现农、林、牧的结合，就能增加农民经济收入。

（二）不同时期人口、食品构成和粮食需求分析预测

农业是国民经济的基础，粮食是关系国计民生和国家自立与安全的特殊产品。从新中国成立初期到现在，神池县人口数量、食品构成和粮食需求都在发生着巨大变化。新中国成立初期，居民食品构成主要以粮食为主，也有少量的肉类食品，水果、蔬菜的比重很小。随着社会进步，生产的发展，人民生活水平逐步提高。到 20 世纪 80 年代初，居民食品构成依然以粮食为主，但肉类、禽类、油料、水果、蔬菜等的比重均有了较大提高。到 2005 年，全县人口增至 10.65 万，居民食品构成中，粮食所占比重有明显下降，肉类、禽蛋、水产品、豆制品、油料、水果、蔬菜、食糖却都占有相当大的比重。

神池县粮食人均需求按国际通用粮食安全标准 400 千克计，全县人口自然增长率以 6.2‰计，到 2010 年，共有人口 21.35 万人，全县粮食需求总量预计将达 4.27 万吨。因此，人口的增加对粮食的需求产生了一定的影响，也造成了一定的危险。

神池县粮食生产还存在着巨大的增长潜力。随着资本、技术、劳动投入、政策、制度等条件的逐步完善，全县粮食的产出与需求平衡，终将成为现实。

（三）粮食安全警戒线

粮食是人类生存和社会发展最重要的产品，是具有战略意义的特殊商品，粮食安全不仅是国民经济持续健康发展的基础，也是社会安定、国家安全的重要组成部分。2009 年世界粮食危机已给一些国家的经济发展和社会安定造成一定不良影响。近年来，受到农资价格上涨，种粮效益低等因素影响，农民种粮积极性不高，全县粮食单产徘徊不前，所以必须对全县的粮食安全问题给予高度重视。

2005 年，神池县的人均粮食占有量为 343.7 千克，而当前国际公认的粮食安全警戒线标准为年人均 400 千克。相比之下，两者的差距值得深思。

三、耕地资源合理配置意见

在确保粮食生产安全的前提下，优化耕地资源利用结构，合理配置其他作物占地比例。为确保粮食安全，对神池县耕地资源进行如下配置：全县现有 84.69 万亩耕地，55 万亩用于种植粮食（包括马铃薯），以满足全县人口的粮食需求，15 万亩耕地用于油料作物生产，5 万亩用于瓜菜种植，这样总种植规模达到 75 万亩。其余 9.69 万亩用于种植牧草以发展畜牧业。

根据《土地管理法》和《基本农田保护条例》划定神池县基本农田保护区，将农业基础条件、土壤肥力条件好、自然生态条件适宜的耕地划为口粮和国家商品粮生产基地，长期不许占用。在耕地资源利用上，必须坚持基本农田总量平衡的原则：一是建立完善的基本农田保护制度，用法律保护耕地；二是明确各级政府在基本农田保护中的责任，严控占用保护区内耕地，严格控制城乡建设用地；三是实行基本农田损失补偿制度，实行谁占用、谁补偿的原则；四是建立监督检查制度，严厉打击无证经营和乱占耕地的单位和个人；五是建立基本农田保护基金，县政府每年投入一定资金用于基本农田建设，大力挖潜存量土地；六是合理调整用地结构，用市场经营利益导向调控耕地。

同时，在耕地资源配置上，要以粮食生产安全为前提，以农业增效、农民增收为目标，逐步提高耕地质量，调整种植业结构，推广优质农产品，应用优质高效、生态安全的栽培技术，提高耕地利用率。

第二节　耕地地力建设与土壤改良利用对策

一、耕地地力现状及特点

耕地质量包括耕地地力和土壤环境质量 2 个方面，此次调查与评价共涉及耕地土壤点位 6 900 个。经过历时 3 年的调查分析，基本查清了全县耕地地力现状与特点。

通过对神池县土壤养分含量的分析得知：全县土壤以壤质土为主，有机质平均含量为 9.27 克/千克，属省五级水平；全氮平均含量为 0.72 克/千克，属省四级水平；有效磷含量平均为 9.60 毫克/千克，属省五级水平；速效钾含量为 104.70 毫克/千克，属省四级水平。中微量元素养分含量锌、铜较高，除铁属于五级外，其余均属四级水平。

（一）耕地土壤养分含量不断提高

耕地土壤：从这次调查结果看，神池县耕地土壤有机质含量为 9.27 克/千克，属省五级水平，与第二次土壤普查的 7.82 克/千克相比提高了 1.447 克/千克；全氮平均含量为 0.72 克/千克，属省四级水平，与第二次土壤普查的 0.42 克/千克相比提高了 0.295 克/千克；有效磷平均含量 9.60 毫克/千克，属省五级水平，与第二次土壤普查的 5.586 毫克/千克相比提高了 4.371 毫克/千克；速效钾平均含量为 104.70 毫克/千克，属省四级水平，第二次土壤普查的平均含量 161.793 毫克/千克，虽然因前后采用了不同的化验方法，数据不能比较，但从实践中分析，由于农民不施钾肥，加之秸秆还田尚在起步阶段，所以土壤缺钾是肯定的，中微量元素养分含量锌、铜较高，除铁属于省五级外，其余属四级水平。

（二）缓坡丘陵耕地面积大，土壤质地好

据调查，神池县 88%的耕地为缓坡丘陵耕地，目前生产用地大部分耕地坡度小于 6°，分布在全县各乡（镇）；12%的耕地为平川地，主要分布在山前倾斜平原，丘涧坪地和沟谷川地区，其地势平坦，土层深厚，十分有利于现代化农业的发展。

（三）耕作历史悠久，土壤熟化度高

据史料记载，早在唐、宋时代神池县就已是农业区域。农业历史悠久，土质良好，加以多年的耕作培肥，土壤熟化程度高。据调查，有效土层厚度平均达 120 厘米以上，耕层厚度为 19～25 厘米，适种作物广，生产水平高。

（四）土壤污染轻

虽然未进行土壤样品污染测定与化验，但清楚地知道神池县为天然旱作农业区，没有灌溉污染；同时，采用传统精耕细作的种植农艺措施，以有机肥投入为主，化肥和农药使用极少，所以神池县耕地都属于无灌溉和化肥、农药污染的土壤，但目前已形成、将来也会存在的是地膜残留造成的土壤污染，应引起足够的重视，通过推广降解材料和引导废膜回收加以解决。

二、存在主要问题及原因分析

（一）中低产田面积较大

据调查，神池县共有中低产田面积75.49万亩，占耕地总面积89.22％。按主导障碍因素，共分为坡地梯改型、沙化耕地型、瘠薄培肥型和障碍层次型四大类型。其中，坡地梯改型12.11万亩，占耕地总面积的14.31％；沙化耕地型1.14万亩，占耕地总面积的1.35％；瘠薄培肥型58.36万亩，占耕地总面积的68.98％；障碍层次型3.88万亩，占总耕地的4.58％。

中低产田面积大、类型多。主要原因：一是自然条件恶劣，全县地形复杂，山地、丘陵、沟谷川俱全，水土流失严重；二是农田基本建设投入不足，中低产田改造措施不力；三是农民耕地施肥投入不足，尤其是有机肥施用量仍处于较低水平。

（二）耕地地力不足，耕地生产率低

神池县耕地虽然经过中低产田改造和综合治理，农田生态环境不断改善，耕地单产、总产呈现上升趋势，但近年来，农业生产资料价格一再上涨，农业成本较高，甚至出现种粮赔本现象，大大挫伤了农民种粮的积极性。一些农民通过增施氮肥取得产量，耕作粗放，结果致使土壤结构变差，造成土壤养分恶性循环。

（三）施肥结构不合理

作物每年从土壤中带走大量养分，主要是通过施肥来补充，因此，施肥直接影响到土壤中各种养分的含量。近几年在施肥上存在的问题，突出表现在“三重三轻”：第一，重特色产业，轻普通作物。第二，重复混肥料，轻专用肥料。随着我国化肥市场的快速发展，复混（合）肥异军突起，其应用对土壤养分的变化也有影响，许多复混（合）肥杂而不专，农民对其依赖性较大，而对于自己所种作物需什么肥料，土壤缺什么元素，底子不清，导致盲目施肥。第三，重化肥施用，轻有机肥施用。近些年来，农民将大部分有机肥施于平川地和瓜菜田，特别是优质有机肥，而占很大比重的耕地有机肥却施用不足。

三、耕地培肥与改良利用对策

（一）多种渠道提高土壤肥力

1. 增施有机肥，提高土壤有机质 近年来，由于农家肥来源不足和化肥的发展，全县耕地有机肥施用量不够。可以通过以下措施加以解决：

①广种饲草，增加畜禽，以牧养农。

②大力种植绿肥。种植绿肥是培肥地力的有效措施，可以采用粮肥间作或轮作制度。

③大力推广秸秆还田。是目前增加土壤有机质最有效的方法。

2. 合理轮作，挖掘土壤潜力 不同作物需求养分的种类和数量不同，根系深浅不同，吸收各层土壤养分的能力不同，各种作物遗留残体成分也有较大差异。因此，通过不同作物合理轮作倒茬，保障土壤养分平衡。要大力推广粮、草轮作，粮、油轮作，玉米、小杂

粮立体间套作，轮作倒茬等技术模式，实现土壤养分协调利用。

（二）巧施氮肥

速效性氮肥极易分解，通常施入土壤中的氮素化肥的利用率只有25%～50%，或者更低。这说明施入土壤中的氮素，挥发渗漏损失严重。所以在施用氮肥时一定注意施肥量、施肥方法和施肥时期，提高氮肥利用率，减少损失。

（三）重施磷肥

神池县地处黄土高原，属石灰性土壤，土壤中的磷常被固定，而不能发挥肥效。加上长期以来群众重氮轻磷，作物吸收的磷得不到及时补充。试验证明，在缺磷土壤上增施磷肥增产效果明显，可以增施人粪尿、畜禽肥等有机肥，其中的有机酸和腐殖酸促进非水溶性磷的溶解，提高磷素的活力。

（四）因地施用钾肥

神池县土壤中钾的含量虽然在短期内不会成为限制农业生产的主要因素，但随着农业生产的进一步发展和作物产量的不断提高，土壤中有效钾的含量也会处于不足状态。从第二次土壤普查至如今的30多年中，土壤速效钾含量下降了56.897毫克/千克，这就是最有力的证据。所以在生产中，应定期监测土壤中钾的动态变化，及时补充钾素。

（五）重视施用微肥

微量元素肥料，作物的需要量虽然很少，但对于提高产品产量和品质，却有着大量元素不可替代的作用。据调查，神池县土壤硼、锌、铁等含量均不高，近年来玉米施锌和小杂粮施锌、钼、硼试验，增产效果很明显。

（六）因地制宜，改良中低产田

全县中低产田面积比较大，影响了耕地地力水平。因此，要从实际出发，分类配套改良技术措施，进一步提高全县耕地地力质量。

四、成果应用与典型事例

典型1——神池县贺职乡仁义村3 000亩秸秆回茬还田丰产方

神池县贺职乡仁义村，全村耕地面积4 324亩，其中，沟谷川地3 000亩，经过10年玉米秸秆回茬机械还田后，玉米年年丰收，2001—2007年玉米平均亩产达500千克以上，较1996年平均亩产430千克，增产70千克。机械秸秆还田既省工、又省时，土壤有机质和氮、磷、钾等养分逐年提高，其中：土壤有机质由1996年的8.7克/千克提高到10.23克/千克，全氮由1996年的0.75克/千克提高到0.94克/千克，有效磷由1996年的8.47毫克/千克提高到10.22毫克/千克，速效钾由1996年的124.5毫克/千克提高到148.7毫克/千克，耕地质量明显改善。经过10年玉米秸秆还田和3年测土配方施肥等技术的应用，土壤主要养分含量逐年提高，盐碱危害逐年下降，耕层土壤疏松，保水保肥能力增强，增产逐年增大，粮食年年丰收。

典型2——神池县烈堡大井沟村配方施肥技术应用

神池县烈堡乡大井沟村，地处神池县西北部土石山区，丘陵地貌，耕地土层深厚，肥力水平较高。全村共有214户，547口人，耕地面积4 250亩，常年种植小杂粮、马铃薯和油料，其中马铃薯面积达60%以上。在全县测土配方施肥技术推广中，全村共取耕层土样18个，依据土壤化验结果、历年来试验数据、施肥经验及产量水平，提出适宜的农作物配方施肥方案。经过3年来测土配方施肥技术的应用，全村马铃薯产量明显提高，肥料用量下降，种粮效益增加，深受群众欢迎。每年马铃薯播种前，技术人员到村多次宣讲培训，听讲人数达500人次，发放马铃薯测土配方施肥技术材料1 300余份，填发配方施肥建议卡700份。根据产量水平制定了比较切实可行的配方：

①高产区：大于1 500千克/亩，$N-P_2O_5-K_2O$为16-7-8千克/亩，1 300～1 500千克/亩，$N-P_2O_5-K_2O$为14-7-6千克/亩。

②中产区：大于1 200千克/亩，$N-P_2O_5-K_2O$为13-6-5千克/亩，1 100～1 200千克/亩，$N-P_2O_5-K_2O$为10-5-3千克/亩。

③低产区：大于1 000千克/亩，$N-P_2O_5-K_2O$为8-4-2千克/亩；800～1 000千克/亩，$N-P_2O_5-K_2O$为5-3-0千克/亩。使全村2 400亩马铃薯田，推广配方专用肥面积达2 000亩。通过宣传到位、配方合理、服务得力等措施，使全村马铃薯配方施肥区比常规施肥区平均亩增产小麦128千克，节肥1.9千克，全村共增产马铃薯25.6万千克，节肥3 800千克，共节本增效12.1万元。

第三节　农业结构调整与适宜性种植

近些年来，神池县农业的发展和产业结构调整工作取得了突出的成绩，但干旱胁迫严重，土壤肥力有所减退，抗灾能力薄弱，生产结构不良等问题仍然十分严重。为适应21世纪我国农业发展的需要，增强神池县优势农产品参与国际市场竞争的能力，有必要进一步对全县的农业结构现状进行战略性调整，从而促进全县高效农业的发展，实现农民增收。

一、农业结构调整的原则

为适应我国社会主义农业现代化的需要，在调整种植业结构中，遵循下列原则：

一是与国际农产品市场接轨，以增强全县农产品在国际、国内经济贸易的竞争力为原则。

二是充分利用不同区域的生产条件、技术装备水平及经济基地条件，达到趋利避害、发挥优势的调整原则。

三是以充分利用耕地评价成果，正确处理作物与土壤间、作物与作物间的合理调整为原则。

四是采用耕地资源管理信息系统，为区域结构调整的可行性提供宏观决策与技术服务的原则。

五是保持行政村界线的基本完整的原则。

根据以上原则，在今后一段时间内将紧紧围绕农业增效、农民增收这个目标，大力推进农业结构战略性调整，最终提升农产品的市场竞争力，促进农业生产向区域化、优质化、产业化发展。

二、农业结构调整的依据

通过本次对神池县种植业布局现状的调查，综合验证，认识到目前的种植业布局还存在许多问题，需要在区域内部加大调整力度，进一步提高生产力和经济效益。

根据此次耕地质量的评价结果，安排全县的种植业内部结构调整，应依据不同地貌类型耕地综合生产能力和土壤环境质量两方面综合考虑，具体为：

一是按照四大不同地貌类型，因地制宜规划，在布局上做到宜农则农，宜林则林，宜牧则牧。

二是按照耕地地力评价出1～7个等级标准，以在各个地貌单元中所代表面积的数值衡量，以适宜作物发挥的最大生产潜力来分布，做到高产高效作物分布在一级至二级耕地为宜，中低产田应在改良中调整。

三是按照土壤环境的污染状况，在面源污染、点源污染等影响土壤健康的障碍因素中，以污染物质及污染程度确定，做到该退则退，该治理的采取消除污染源及土壤降解措施，达到无公害绿色产品的种植要求，来考虑作物种类的布局。

三、土壤适宜性及主要限制因素分析

神池县土壤因成土母质不同，土壤质地也不一致，发育在黄土及黄土状母质上的土壤质地多是较轻而均匀的壤质土，心土及底土层为壤土。总的来说，本县的土壤大多为壤质，沙黏含量比较适合，在农业上是一种质地理想的土壤，其性质兼有沙土和黏土之优点，而克服了沙土和黏土之缺点，它既有一定数量的大孔隙，还有较多的毛管孔隙，故通透性好，保水保肥性强，耕性好，宜耕期长，好抓苗，发小又养老。

因此，综合以上土壤特性，本县土壤适宜性强，小杂粮、玉米、马铃薯等粮食作物及油料经济作物都适宜本县种植。

但种植业的布局除了受土壤质地作用外，还要受到地理位置、水分条件等自然因素和经济条件的限制。在山地、丘陵等地区，由于此地区沟壑纵横，土壤肥力较低，土壤较干旱，气候凉爽，农业经济条件也较为落后，因此要在管理好现有耕地的基础上，将智力、资金和技术逐步转移到非耕地的开发上，大力发展林、牧业，建立农、林、牧结合的生态体系，使其成为林、牧产品生产基地。在平川地区由于土地平坦，农业机械化程度较高，是本县土壤肥力较高的区域，同时其经济条件及农业现代化水平也较高，故应充分利用地理、经济、技术优势，在不放松粮食生产的前提下，积极开展多种经营，实行粮、菜、果全面发展。

在种植业的布局中，必须充分考虑到各地的自然条件、经济条件，合理利用自然资源，对布局中遇到的各种限制因素，应考虑到它影响的范围和改造的可行性，合理布局生产，最大限度地、持久地发掘自然的生产潜力，做到地尽其力。

四、种植业布局分区建议

根据神池县种植业布局分区的原则和依据，结合本次耕地地力调查与质量评价结果，将神池县划分为五大种植区，分区概述：

（一）西部平川粮菜高产高效种植区

该区位于朱家川河流域，包括贺职乡大部分和义井镇南部村庄，共49个村庄，区域耕地面积19万亩。

1. 区域特点　本区地处神池县西南部朱家川河流域，平均海拔1 400米，地势平坦，是神池县最大的平川地带，土壤较肥沃，水土流失轻微，地下水位较浅，园田化水平高，交通便利，农业生产条件优越。年平均气温5.3℃，年降水487.7毫米，无霜期120天，气候温和，热量充足，农业生产水平较高，一年一作。本区土壤耕性良好，适种性广，施肥水平较高。本区土壤为栗褐土和淡栗褐土2个亚类，是神池县的粮食、瓜菜主产区。

区内土壤有机质含量为8.05克/千克，全氮为0.61克/千克，有效磷9.22毫克/千克，速效钾108.1毫克/千克，锰、钼、硼、铁微量元素含量相对偏低，均属省四级至五级水平。

2. 种植业发展方向　本区以建设粮、菜生产基地为主攻方向。大力发展以玉米、马铃薯为主的高产高效粮田，扩大以南瓜为主的蔬菜种植面积，适当发展设施农业。在现有基础上，优化结构，建立无公害生产基地。

3. 主要保障

（1）加大土壤培肥力度，全面推广多种形式的秸秆还田，以增加土壤有机质，改良土壤理化性状。

（2）注重作物合理轮作，坚决杜绝连茬多年的习惯。

（3）全力以赴搞好基地建设，通过标准化建设、模式化管理、无害化生产技术应用，使基地取得明显的经济效益和社会效益。

（二）山前倾斜平原粮食、旱地蔬菜高产高效种植区

本区位于南部高山山前倾斜平原洪积扇前缘地带，是第二个较大的平原地区。海拔1 400～1 600米，包括全县2个乡（镇）的35个村庄，区域耕地面积13万余亩。

1. 区域特点　本区光热和降雨资源丰富，土地比较肥沃，农业机械化程度较高，园田化水平较高。本区除少数耕地属棕壤性土外，大部分仍属于淡栗褐土和栗褐土，是本县重要的粮、菜区。本区耕地平均有机质含量10.05克/千克，全氮为0.72克/千克，有效磷8.46毫克/千克，速效钾97.81毫克/千克，整体看，有机质、全氮、有效磷偏高，属省级四级水平，速效钾偏低，属省五级水平，微量元素属省五级水平。

2. 种植业发展方向　本区种植业以粮为主，发展玉米及小杂粮。在海拔1 600米以上的西岭和岭脚底等村应发展旱地芥菜，在海拔1 500米的杨家坡、邵家洼、小山等村应发展胡萝卜、大葱等旱地蔬菜。

3. 主要保证措施

（1）玉米、小杂粮良种良法配套，增加产出，提高品质，增加效益。

（2）大面积推广秸秆还田，有效提高土壤有机质含量。

（3）重点建好西岭、杨家坡等村的旱地蔬菜生产基地，发展无公害蔬菜生产，提高市场竞争力。

（4）加强技术培训，提高农民素质。

（5）加强农业基础设施建设，进一步提高农业机械化水平，解放当地劳动力，提高劳动生产率。

（三）中低山区油料、小杂粮生产区

该区位于神池县北部中低山区烈堡乡贺中部大严备乡，海拔1 500～1 600米，北高南低，土质好，气温偏低，降水偏多，耕地立地条件差，园田化水平较低，农业机械化水平较低。本区包括2个乡（镇），40余个村庄，耕地15多万亩。

1. 区域特点 本区土地坡度较大，土质较好，土壤主要是褐土性土和淡栗褐土，母质为黄土质和黑垆土，气温偏低，光照充足，地下水埋藏较深。区内土壤有机质含量10.24克/千克，为全县最高水平，达省四级水平；全氮为0.9克/千克，为全县最高水平，达省五级水平；有效磷13.73毫克/千克，为全县最高水平，达省四级水平；速效钾109.28毫克/千克，比全县平均水平略高，达省四级水平；微量元素硼、铁、锰、钼含量相对较低，均属省四级水平。

2. 本区以小杂粮和油料为主，应积极发展油料生产基地。

3. 主要保障措施

（1）广辟有机肥源，增施有机肥，改良土壤，提高土壤保水保肥能力。

（2）因地制宜，合理施用化肥。

（3）发展特色油料和小杂粮标准化种植，形成规模，提高市场竞争力：重点抓好以大井沟村、烈堡村、鹞子沟村为中心的胡麻生产基地和以大严备村、大羊泉村、九仁村为中心的莜麦、红芸豆等重点小杂粮生产基地。同时，适度发展乡镇附近的设施果菜生产基地，充分利用其海拔较高、光照充足、昼夜温差大、水果质量好的优势，提高市场竞争力。

（四）丘陵粮、瓜、菜生产区

该区分布于神池县西北部广大丘陵地区，海拔1 300～1 500米，包括八角镇、长畛乡2个乡（镇），60余个村庄，耕地面积近20万亩。

1. 区域特点 该区年平均气温5℃左右，年降水量480毫米左右，全部为旱地，但土质较好，本区属贫水区，地下水埋置深，不易开采，土质好，土壤以黄土质淡栗褐土性土为主。区内耕地有机质含量为8.16克/千克，全氮为0.63克/千克，有效磷9.01毫克/千克，均低于全县平均水平，相当于省五级水平，速效钾108.54毫克/千克，较全县平均略高，相当于省四级水平；土壤微量元素，钼含量平均值属省五级水平，铜、锌均属于三级水平，锰、硼属省四级水平，铁含量属省五级水平。

2. 种植业发展方向 该区宜以玉米、小杂粮生产为主，其中地膜玉米、地膜谷子、地膜黑豆是重点作物；适当发展南瓜和其他旱地蔬菜，走有机旱作之路。

3. 主要保障措施

（1）进一步抓好平田整地，整修梯田，建好“三保田”。

（2）千方百计增施有机肥，搞好测土配方施肥，增加微肥的施用。

（3）积极推广旱作技术和高产综合技术，提高科技含量。

（五）中部沟谷川插花种植区

本区海拔1 300～1 500米的山区，包括龙泉镇、东湖乡2个乡（镇）的53个村庄，耕地面积16万亩左右。

1. 区域特点　地势平缓，谷地开阔，部分土体较厚，覆盖较好，有的地方土层薄，一般70～80厘米。普遍养分含量低，降水少，土体较为干旱，部分为障碍层次型。土壤多为栗褐土性土。母质为坡积物、洪积和黄土物质。区内耕地有机质含量为9.83克/千克，全氮为0.72克/千克，有效磷7.58毫克/千克，速效钾100.76毫克/千克，均相当于全县平均水平，属省五级水平；微量元素含量平均值，锰、铁、硼均属省五级水平，偏低。

2. 种植业发展方向　该区光照充足，昼夜温差大，种植作物较丰富，玉米、小杂粮、马铃薯、油料蔬菜均有，近几年设施农业发展规模在全县相对较大。要合理规划，宜粮则粮、宜油则油、宜经则经、宜菜则菜，大力发展设施农业反季节蔬菜生产，充分利用资源，提高农民收入。

3. 主要保障措施

（1）减少水土流失，优化生态环境，注重推广蓄雨纳墒技术。

（2）增施有机肥，提高土壤肥力。

（3）选用抗旱良种，采用配套栽培措施，提高农作物产量和品质。

（4）积极扶持新兴的设施农业建设。

五、农业远景发展规划

神池县农业的发展，应进一步调整和优化农业结构，全面提高农产品品质和经济效益，建立和完善全县耕地质量管理信息系统，随时服务布局调整，从而有力地促进全县农村经济的快速发展。现根据各地的自然生态条件、社会经济技术条件，特提出2012年发展规划如下：

一是神池县粮食占有耕地50万亩，集中建立20万亩地膜玉米生产基地。

二是稳步发展优质小杂粮生产，占用耕地30万亩。

三是实施无公害生产基地，到2012年，优质南瓜、胡萝卜、大葱等蔬菜基地发展到2万～3万亩，全面推广绿色蔬菜、果品生产操作规程，配套建设储藏、包装、加工、质量检测、信息等设施完备的果蔬批发市场。

四是集中精力发展牧草养殖业，重点发展圈养牛、羊，力争发展牧草5万亩。

五是重塑省级油料基地县形象，重点发展以胡麻为主的地方特色明显的油料生产基地，占地15万亩。

六是建设设施蔬菜生产基地，建设日光节能温室1.5万亩。

综上所述，我们面临的任务是艰巨的，困难也是很大的，所以要下大力气克服困难，努力实现既定目标。

第四节　主要作物标准施肥系统的建立与无公害农产品生产对策研究

一、养分状况与施肥现状

（一）全县土壤养分与状况

神池县土壤以壤质土为主，有机质平均含量为 9.26 克/千克，属省五级水平；全氮平均含量为 0.72 克/千克，属省四级水平；有效磷含量平均为 9.60 毫克/千克，属省五级水平；速效钾含量为 104.70 毫克/千克，属省四级水平。中微量元素养分含量锌、铜较高，除铁属于五级外，其余均属四级水平。

（二）全县施肥现状

农作物平均亩施农家肥 300 千克左右，氮肥（N）平均 8.5 千克，磷肥（P_2O_5）6 千克，钾肥（K_2O）0 千克，马铃薯和瓜菜田平均亩施农家肥 1 500 千克，氮肥（N）15 千克，磷肥（P_2O_5）12 千克，钾肥（K_2O）6 千克。微量元素平均使用量较低，甚至有不施微肥的现象。

二、存在问题及原因分析

（一）有机肥和无机肥施用比例失调

20 世纪 70 年代以来，随着化肥工业的发展，化肥的施用量大量增加，但有机肥的施用量却在不断减少，随着农业机械化水平提高，农村大牲畜大量减少，农村人居环境改善，有机肥源不断减少，优质有机肥都进了经济田，耕地有机肥用肥量更少。随着农业机械化水平的提高，小杂粮、玉米等秸秆还田面积增加，土壤有机质有了明显提高。今后土壤有机质的提高主要依靠秸秆还田。据统计，全县平均亩施有机肥不足 500 千克，农民多以无机肥代替有机肥，有机肥和无机肥施用比例失调。

（二）肥料三要素（N、P、K）施用比例失调

第二次土壤普查后，神池县根据普查结果，针对氮少磷缺钾有余的土壤养分状况提出增氮增磷不施钾，所以在施肥上一直按照氮磷 1∶1 的比例施肥，亩施碳酸氢铵 50 千克，普钙 50 千克。10 多年来，土壤养分发生了很大变化，土壤有效磷显著提高。据此次调查，所施肥料中的氮、磷、钾养分比例多不符合作物要求，未起到调节土壤养分状况的作用。根据全县农作物的种植和产量情况，现阶段氮、磷、钾化肥的适宜比例应为 1∶0.56∶0.16，而调查结果表明，实际施用比例为 1∶0.5∶0.1，并且肥料施用分布范围极不平衡，高产田比例低于中低产田，部分旱地地块不施磷钾肥，这种现象制约了化肥总体利用率的提高。

（三）化肥用量不当

耕地化肥施用不合理。在大田作物施肥上，人们往往注重高产田投入，而忽视中低产田投入，产量越高，施肥量越大，产量越低，施肥量越小，甚至白茬下种。因而造成高产地块肥料浪费，而中低产田产量提不高。据调查，高产田化肥施用总量达 100 千克以上，而中低产田亩

用量不足50千克。这种化肥不合理分配，直接影响化肥的经济效益和无公害农产品的生产。

（四）化肥施用方法不当

1. 氮肥浅施、表施　这几年，在氮肥施用上，广大农民为了省时、省劲，将碳酸氢铵、尿素撒于地表，旋耕犁旋耕入土，甚至有些用户用后不及时覆土，造成一部分氮素挥发损失，降低了肥料的利用率，有些还造成铵害，烧伤植物叶片。

2. 磷肥撒施　由于大多群众对磷肥的性质了解较少，普遍将磷肥撒施、浅施，作物不能吸收利用，并且造成磷固定，降低了磷的利用率和当季施用肥料的效益。据调查，全县磷肥撒施面积达60%左右。

3. 复合肥施用不合理　近几年复合肥料施用比例较大，从而造成盲目施肥和磷钾资源的浪费。

4. 中产高田忽视钾肥的施用　针对第二次土壤普查结果，速效钾含量较高，所以30多年来，几乎所有的耕地施用氮、磷2种肥料，造成土壤钾素消耗日趋严重。农产品产量和品质受到严重影响。随着种植业结构的进一步调整，作物由单独追求产量变为质量和产量并重，钾肥越来越表现出提质增产的效果。

以上各种问题，随着测土配方施肥项目的实施逐步得到解决。

三、化肥施用区划

（一）目的和意义

根据神池县不同区域、地貌类型、土壤类型的土壤养分状况、作物布局、当前化肥使用水平和历年化肥试验结果进行了统计分析和综合研究，按照全县不同区域化肥肥效的规律，85万亩耕地共划分为5个化肥肥料一级区和7个合理施肥二级区。提出不同区域氮、磷、钾化肥的使用标准，为全县今后一段时间合理安排化肥生产、分配和使用，特别是为改善农产品品质、因地制宜地调整农业种植布局、发展特色农业、保护生态环境、生产绿色无公害农产品、促进可持续农业的发展提供科学依据，使化肥在全县农业生产发展中发挥更大的增产、增收、增效作用。

（二）分区原则与依据

1. 原则

（1）化肥用量、施用比例和土壤类型及肥效的相对一致性。

（2）土壤地力分布和土壤速效养分含量的相对一致性。

（3）土地利用现状和种植区划的相对一致性。

（4）行政区划的相对完整性。

2. 依据

（1）农田养分平衡状况及土壤养分含量状况。

（2）作物种类及分布。

（3）土壤地理分布特点。

（4）化肥用量、肥效及特点。

（5）不同区域对化肥的需求量。

(三)分区和命名方法

化肥区划分为两级区，Ⅰ级区反映不同地区化肥施用的现状和肥效特点；Ⅱ级区根据现状和今后农业发展方向，提出对化肥合理施用的要求。Ⅰ级区按地名+主要土壤类型+氮肥用量+磷肥用量及肥效结合的命名法而命名。氮肥用量按作物每亩平均施氮量，划分为高量区（10千克以上)、中量区（7.6～10千克)、低量区（5.1～7.5千克)、极低量区（5千克以下)；磷肥用量按作物每亩平均施用 P_2O_5 划分为高量区（7.5千克以上)、中量区（5.1～7.5千克)、低量区（2.6～5千克)、极低量区（2.5千克以下)；钾肥肥效按每千克 K_2O 增产粮食千克数划分为高效区（5千克以上)、中效区（3.1～5千克)、低效区（1.1～3.1千克)、未显效区（1千克以下)。Ⅱ级区按地名地貌+作物布局+化肥需求特点的命名法命名。根据农业生产指标，对今后氮、磷、钾的需求量，分为增量区（需较大幅度增加用量，增加量大于20%)、补量区（需少量增加用量，增加量小于20%)、稳量区（基本保持现有用量)、减量区（降低现有用量)。

(四)分区概述

根据化肥区划分区标准和命名，将全县化肥区划分为5个Ⅰ级区（5个主区)，7个Ⅱ级区。见表6-2。

表6-2 神池县化肥区划分区

	乡（镇）数	行政村数	耕地面积（万亩）	行政村名
山前倾斜平原区	虎北乡、太平庄乡（2）	35	13.04	虎北村、塘涧村、山口村、碾槽沟村、横山寺村、桦林坡村、山村林村、水泉梁村、东毛家皂村、西毛家皂村、井沟村、沙沟子村、郝家坡村、小南庄村、窝铺沟村、庄子上村、磁窑沟村、小山村、杨家坡村、羊棚村、红芋岭村、大磨沟村、西口子村、太平庄村、小磨沟村、圪坨子村、长城梁村、凤凰山村、板井村、井沟村、邵家洼村、冷饭坡村、宋村、西岭村、岭脚底村
丘陵区	八角镇、长畛乡（2）	59	20.465	八角村、南庄窝村、川口村、韩家坪村、山道沟村、营头镇村、上铺村、小马军营村、中马营村、大马营村、榆岭村、马家洼村、上八角村、下石会村、张家村、王家寨村、西沟村、崔家庄村、圪坨庄村、瓦窑头村、郭家村、田家村、北庄子村、小严备村、前坪村、东村、西村、狮子坪村、细岭村、王家洼村、温家山村、长畛村、白草沟村、莲家畔村、崖儿焉村、宋霸王村、北沙城村、南沙城村、后犁树洼村、铺儿坪村、前梨树洼村、前庄窝村、后庄窝村、小洼村、万家洼村、红崖子村、营盘村、史家庄村、南水泉村、东裕村、斗嘴村、石洼坪村、乱马营村、黄尘沟村、高家窑村、前草庵村、后草庵村、辛窑坪村、木回固村
朱家川河流域西部平川区	贺职乡、义井镇（2）	47	19.40	贺职村、小东湾村、南坡底村、田家洼村、岭后村、仁义村、小村、赵官庄村、李家沟村、桥上村、孙家湾村、西龙门庄村、东龙门庄村、韩家洼村、罗家洼村、宰相洼村、水碾村、辛井村、小庄窝村、放马坪村、上花园村、下花园村、闻家堡村、李家山村、石山子村、池家庄窝村、东庄窝村、义井村、庄儿上村、店儿上村、永祥山村、新堡村、腰店子村、罗家洼村、坝口村、小辛庄村、大黑庄村、小黑庄村、郭家庄村、花台坡村、银洞洼村、东土棚村、西土棚村、石洼村、长城梁村、后窑子村、马家山村

（续）

	乡（镇）数	行政村数	耕地面积（万亩）	行政村名
中低土石山区	烈堡乡、大严备乡 2	44	15.532	烈堡村、前红梁村、后红梁村、赵老狗村、小井沟村、解家岭村、东梁后村、大井沟村、鹞子沟村、冯庄子村、高堡村、焦山村、南窑村、南寨村、辛窑村、石湖村、大沟村、冯西沟村、大滩村、李家山村、大严备村、黄家窑村、黄洼村、九仁村、辛村、大羊泉村、庄窝村、铺路村、白庙村、贯泉村、李家窑村、海泉村、辛窑子村、谭家窑村、马坊村、王庄子村、陈家窑村、庄子上村、六家河村、了子坡村、四十亩沟村、畔庄沟村、小羊泉村、陈家沟村
丘涧坪地和沟谷川地区	东湖乡、龙泉镇 2	53	16.253	东湖村、三山村、铁炉洼村、大赵庄村、小赵庄村、余庄子村、靳庄子村、南辛庄村、冯庄子村、党家窑村、北辛庄村、苍儿洼村、九姑村、段笏嘴村、井儿上村、姜家嘴村、马莲塔村、金土梁村、达木河村、羊坊村、柳沟村、利民寨村、黄泥井村、木瓜沟村、青羊渠村、小寨村、石窝村、前窑子村、西关村、南关村、新城村、旧堡村、温岭村、窑子上村、荣庄子村、龙元村、项家沟村、丁庄窝村、山后村、南庄子村、狼窝沟村、青羊渠村、小沟儿涧村、大沟儿涧村、大羊泉村、斗沟子村、前村、后村、戎家梁村、柴家焉村、水辛村、陈家沟村、丁家梁村
合计	10	238	84.69	全县241个行政村

Ⅰ中低山氮肥中量磷肥中量钾肥高效区　包括烈堡、大严备乡2个乡（镇），44个行政村，耕地面积15.532万亩，主要种植小杂粮、油料、马铃薯。土壤类型为淡栗褐土。该区海拔1 500～1 600米，水土流失严重，土壤养分有机质平均含量12.24克/千克，全氮为0.9克/千克，有效磷13.73毫克/千克，速效钾109.28毫克/千克，微量元素锰、铁、硼含量偏低。

$Ⅰ_1$低山油料稳氮稳磷补钾区：该区主要包括烈堡乡，土壤肥力状况较全县偏高，钾素不足，受干旱条件影响，常年胡麻平均亩产100千克左右，是胡麻主产区，建议对胡麻亩施氮7～8千克，P_2O_5 5～6千克，应补施硫酸钾2～3千克，注意施用微量元素。

$Ⅰ_2$低山小杂粮稳氮稳磷补钾区：该区主要包括大严备乡，土壤肥力状况与全县相当，钾素不足，受干旱条件影响，常年小杂粮平均亩产100千克左右，是莜麦主产区，建议莜麦亩施氮7～8千克，P_2O_5 6～7千克，应补施硫酸钾2～3千克，注意施用微量元素。

Ⅱ山前倾斜平原氮肥中量磷肥中量钾肥高效区　包括虎北、太平庄2个乡，35个行政村，耕地面积13.04万亩，属山前倾斜平原区。主要种植玉米、小杂粮、马铃薯和旱地蔬菜。土壤类型以栗褐土和棕壤性土为主。该区海拔1 500～1 700米，土壤养分平均含量：有机质10.05克/千克，全氮0.72克/千克，有效磷8.46毫克/千克，速效钾97.81毫克/千克，微量元素硼、钼、铁含量偏低。

$Ⅱ_1$山前倾斜平原粮果稳氮增磷补钾区：该区玉米亩产400～450千克，建议亩施氮8～10千克，五氧化二磷5～7千克，硫酸钾10千克；玉米亩产350～400千克，亩施氮

7～8 千克，五氧化二磷 4～5 千克，硫酸钾 10 千克；小杂粮亩产 150 千克，亩施氮7～8 千克，五氧化二磷 6～7 千克，应补施硫酸钾 2～3 千克，注意施用微量元素。如种植芥菜除施磷、氮肥外，还要增施钾肥，以改善果品品质，提高产量。

Ⅲ 丘陵氮肥中量磷肥中量钾肥中效区　该区包括八角镇和长畛乡，60 个行政村，耕地面积 20.465 万亩，主要种植玉米、小杂粮、马铃薯、南瓜等作物，该区土壤类型以栗褐土为主，海拔 1 400～1 500 米，土壤肥力与全县相比略低。土壤养分平均含量：有机质为 8.16 克/千克，全氮为 0.63 克/千克，有效磷 9.01 毫克/千克，速效钾 108.54 毫克/千克，微量元素铁、钼、硼含量偏低。该区亩产玉米 400～450 千克，建议亩施 N 9～10 千克，五氧化二磷 6～7 千克，硫酸钾 3～5 千克；亩产玉米 450～500 千克，亩施氮 10～12 千克，五氧化二磷 8～10 千克，硫酸钾 5 千克；小杂粮亩产 150～200 千克，亩施氮 6～8 千克，五氧化二磷 5～6 千克，硫酸钾 3 千克。

Ⅳ西部平川氮肥高量磷肥高量钾肥中效区　本区包括贺职乡、义井镇，49 个行政村，耕地面积 19.4 万亩，主要种植玉米、马铃薯、南瓜，该区土壤以栗褐土为主，海拔 1 300～1 400米，土壤养分平均含量：有机质为 8.05 克/千克，全氮 0.61 克/千克，有效磷 9.22 毫克/千克，速效钾 108.1 毫克/千克，较全县略低。微量元素锰、铁、钼含量偏低。但该区地势平坦，热量资源丰富，农业生产水平较高。

$Ⅳ_1$平川玉米、南瓜增氮增磷增钾区：该区主要在贺职乡南部平川和义井川，亩产玉米 500～550 千克地块，建议亩施氮 12 千克，五氧化二磷 10 千克，硫酸钾 10 千克；亩产玉米 450～500 千克，建议亩施氮 10 千克，五氧化二磷 8 千克，硫酸钾 10 千克；亩产南瓜 1 500 千克，建议亩施氮 12 千克，五氧化二磷 10 千克，硫酸钾 6 千克；亩产南瓜1 000 千克，建议亩施氮 10 千克，五氧化二磷 8 千克，硫酸钾 3 千克。

$Ⅳ_2$平川玉米、马铃薯增氮增磷增钾区：该区主要在贺职乡和义井镇北部缓坡区，生产水平在本区中略低，亩产玉米 450～500 千克地块，建议亩施氮 10 千克，五氧化二磷 8 千克，硫酸钾 6 千克；亩产玉米 400～450 千克，建议亩施氮 8 千克，五氧化二磷 6 千克，硫酸钾 5 千克。

Ⅴ沟谷川氮肥中量磷肥中量钾肥中效区　该区包括龙泉镇、东湖乡 2 个乡镇，53 个村庄，耕地面积 16.253 万亩，主要种植小杂粮、玉米、马铃薯。该区土壤有两大类，潮土和淡栗褐土，海拔 1 300～1 500 米。土壤养分平均含量：有机质为 9.83 克/千克，全氮为 0.72 克/千克，有效磷为 7.58 毫克/千克，速效钾为 100.76 毫克/千克，微量元素锰、钼、硼、铁含量偏低，均属省四级水平。

该区为全县插花种植区，小杂粮平均亩产 150 千克，建议亩施氮 7～8 千克，五氧化二磷 5～6 千克，钾肥 3～4 千克，马铃薯和菜田亩施氮 10～12 千克，五氧化二磷 8～10 千克，钾肥 5～6 千克，注意使用微量元素硼、锰、钼等。

（五）提高化肥利用率的途径

1. 统一规划、着眼布局　化肥使用区划意见，对全县农业生产及发展起着整体指导和调节作用，使用当中要宏观把握，明确思路。以地貌类型和土壤类型及行政区域划分的 5 个化肥肥效一级区和 7 个化肥合理施肥二级区在肥效与施肥上基本保持一致。具体到各区各地，因受不同地形部位和不同土壤亚类的影响，在施肥上不能千篇一律，死搬硬套，应以化肥使用区划为标准，结合当地实际情况确定合理科学的施肥量。

2. 因地制宜、节本增效 全县地形复杂，土壤肥力差异较大，各区在化肥使用上一定要本着因地制宜、因作物制宜、节本增效的原则，通过合理施肥及相关农业措施，不仅要达到节本增效的目的，而且要达到用养结合、培肥地力的目的，变劣势为优势。对坡降较大的丘陵、沟壑和山前倾斜平原区要注意防治水土流失，施肥上要少量多次，修整梯田，建“三保田”。

3. 秸秆还田、培肥地力 运用合理的施肥方法，大力推广秸秆还田，提高土壤肥力，增加土壤团粒结构，提高化肥利用率，同时合理轮作倒茬，用养结合。旱地氮肥“一炮轰”，水地底施 1/2，追施 1/2。磷肥集中深施，褐土地钾肥分次施，有机无机相结合，氮、磷、钾微相结合。

总之，要科学合理地施用化肥，以提高化肥利用率为目的，达到增产增收增效的目的。

四、无公害农产品生产与施肥

无公害农产品是指产地环境、生产过程和产品质量均符合国家有关标准规范的要求，经认证合格，获得认证证书，并允许使用无公害农产品标志的未经加工或初加工的农产品。根据无公害农产品标准要求，针对全县耕地质量调查施肥中存在的问题。发展无公害农产品，施肥中应注意以下几点：

（一）选用优质农家肥

农家肥是指含有大量生物物质、动植物残体、排泄物、生物废物等有机物质的肥料。在无公害农产品的生产中，一定要选用足量的、经过无害化处理的堆肥、沤肥、厩肥、饼肥等优质农家肥作基肥。确保土壤肥力逐年提高，满足无公害农产品的生产。

（二）选用合格商品肥

商品肥料有精制有机肥料、有机无机复混肥料、无机肥料、腐殖酸类肥料、微生物肥料等。生产无公害农产品时一定要选用合格的商品肥料。

（三）改进施肥技术

1. 调控化肥用量 这几年，随着农业结构调整，种植业结构发生了很大变化，经济作物种植面积扩大，因而造成化肥用量持续提高，不同作物之间施肥量差距不断扩大。因此，调控化肥用量时，应避免施肥两极分化，尤其是控制氮肥用量，努力提高化肥利用率，减少化肥损失及对农田环境污染。

2. 调整施肥比例 首先，将有机肥和无机肥比例逐步调整到 1∶1，充分发挥有机肥料在无公害农产品生产中的作用。其次，实施补钾工程，根据不同作物、不同土壤合理施用钾肥，合理调整氮、磷、钾比例，发挥钾肥在无公害农产品生产中的作用。

3. 改进施肥方法 施肥方法不当，易造成肥料损失浪费、土壤及环境污染，影响作物生长，所以施肥方法一定要科学，氮肥要深施，减少地面熏伤，对于忌氯作物，不施或少施含氯肥料。因地、因作物、因肥料确定施肥方法，生产优质高产、无公害的农产品。

五、不同作物的科学施肥标准

针对神池县农业生产的基本条件，种植作物的种类、产量、土壤肥力及养分含量状况，无公害农产品生产施肥总的思路是：以节本增效为目标，立足抗旱栽培，着眼于优质、高产、高效、安全的农业生产，着力于提高肥料利用率，采取控氮稳磷补钾配再生的原则，在增施有机肥和保持化肥施用总量基本平衡的基础上，合理调整养分比例，普及科学施肥方法，积极试验和示范微生物肥料。

根据神池县施肥总的思路，提出全县主要作物施肥标准如下：

1. 玉米

（1）高产区：大于等于600千克/亩，$N-P_2O_5-K_2O$为15－9－6千克/亩；500～600千克/亩，$N-P_2O_5-K_2O$为14－8－5千克/亩。

（2）中产区：大于等于450千克/亩，$N-P_2O_5-K_2O$为13－7－5千克/亩；350～450千克/亩，$N-P_2O_5-K_2O$为11－6－4千克/亩。

（3）低产区：大于等于400千克/亩，$N-P_2O_5-K_2O$为10－6－3千克/亩；小于300千克/亩，$N-P_2O_5-K_2O$为8－4－0千克/亩。

2. 马铃薯

（1）高产区：大于1 500千克/亩，$N-P_2O_5-K_2O$为16－7－8千克/亩，1 300～1 500千克/亩，$N-P_2O_5-K_2O$为14－7－6千克/亩。

（2）中产区：大于1 200千克/亩，$N-P_2O_5-K_2O$为13－6－5千克/亩，1 100～1 200千克/亩，$N-P_2O_5-K_2O$为10－5－3千克/亩。

（3）低产区：大于1 000千克/亩，$N-P_2O_5-K_2O$为8－4－2千克/亩；800～1 000千克/亩，$N-P_2O_5-K_2O$为5－3－0千克/亩。

第五节　耕地质量管理对策

耕地地力调查与质量评价成果为神池县的耕地质量管理提供了依据，耕地质量管理决策的制定，成为全县农业可持续发展的核心内容。

一、建立依法管理体制

（一）工作思路

以发展优质高效、生态、安全农业为目标，以耕地质量动态监测管理为核心，以土壤地力改良利用为重点，通过农业种植业结构调查，合理配置现有农业用地，逐步提高耕地地力水平，满足人民日益增长的农产品需求。

（二）建立完善行政管理机制

1. 制定总体规划　坚持“因地制宜、统筹兼顾、局部调整、挖掘潜力”的原则，制定全县耕地地力建设与土壤改良利用总体规划，实行耕地用养结合，划定中低产田改良利用范围和重点，分区制定改良措施，严格统一组织实施。

2. 建立依法保障体系　制定并颁布《神池县耕地质量管理办法》，设立专门的监测管理机构，县、乡、村3级设定专人监督指导，分区布点，建立监控档案，依法检查污染区域项目治理工作，确保工作高效到位。

3. 加大资金投入　县政府要加大资金支持，县财政每年从农发资金中列支专项资金，用于全县中低产田改造和耕地污染区域综合治理，建立财政支持下的耕地质量信息网络，推进工作有效开展。

（三）强化耕地质量技术实施

1. 提高土壤肥力　组织县、乡农业技术人员实地指导，组织农户合理轮作，平衡施肥，安全施药、施肥，推广秸秆还田、种植绿肥、施用生物菌肥，多种途径提高土壤肥力，降低土壤污染，提高土壤质量。

2. 改良中低产田　实行分区改良，重点突破。可发展灌溉改良的区域，重点抓好灌溉配套设施的建设，节水浇灌，挖潜增灌，增加浇水面积，丘陵、山区中低产区要广辟肥源，深耕保墒，轮作倒茬，粮草间作，扩大植被覆盖率，修整梯田，达到增产增效的目标。

二、建立和完善耕地质量监测网络

虽然神池县历史上是无污染农业区，目前耕地也不存在明显污染，但随着工业化进程的不断加快，工业污染将产生，在重点工业生产区域建立耕地质量监测网络也是防微杜渐的需要。

1. 设立组织机构　耕地质量监测网络建设，涉及环保、土地、水利、经贸、农业等多个部门，需要县政府协调支持，成立依法行政管理机构。

2. 配置监测机构　由县政府牵头，各职能部门参与，组建神池县耕地质量监测领导组，在县环保局下设办公室，设定专职领导与工作人员，建立企业治污工程体系，制定工作细则和工作制度，强化监测手段，提高行政监测效能。

3. 加大宣传力度　采取多种途径和手段，加大《环保法》宣传力度，在重点污排企业及周围乡村印刷宣传广告，大力宣传环境保护政策及科普知识。

4. 监测网络建立　依据这次耕地质量调查评价结果，在全县划定安全、非污染、轻污染、中度污染、重污染五大区域，每个区域确定10～20个点，定人、定时、定点取样监测检验，填写污染情况登记表，建立耕地质量监测档案。对污染区域的污染源，要查清原因，由县耕地质量监测机构依据检测结果，强制污染企业限期限时治理达标。对未能限期达标企业，一律实行关停整改，达标后方可生产。

5. 加强农业执法管理　由县农业、环保、质检行政部门组成联合执法队伍，宣传农业法律知识，对市场的化肥、农药实行市场统一监控、统一发布，对于假冒农用物资一律依法查封销毁。

6. 改进治污技术　对不同污染企业采取烟尘、污水、污渣分类科学处理转化。对工业污染河道及周围农田，采取有效的物理、化学降解技术，降解铅、镉及其他重金属污染物，并在河道两岸50米栽植花草、林木，净化河水，美化环境；对化肥、农药污染农田，要划区治理，积极利用农业科研成果，组成科技攻关组，引试降解剂，逐步消解污染物。

7. 推广农业综合防治技术 在增施有机肥降解大田农药、化肥、地膜及垃圾废弃物的同时，积极宣传推广微生物菌肥，以改善土壤的理化性状，改变土壤溶液酸碱度，改善土壤团粒结构，减轻土壤板结，提高土壤保水、保肥性能。

三、农业税费政策与耕地质量管理

目前，农业税费改革政策的出台必将极大地调整农民粮食生产积极性，成为耕地质量恢复与提高的内在动力，对全县耕地质量的提高具有以下几个作用：

1. 加大耕地投入，提高土壤肥力 目前，全县丘陵面积大，中低产田分布区域广，粮食生产能力较低。税费改革政策的落实有利于提高单位面积耕地养分投入水平，逐步提高土壤养分含量，改善土壤理化性状，提高土壤肥力，保障粮食产量恢复性增长。

2. 改进农业耕作技术，提高土壤生产性能 农民积极性的调动，成为耕地质量提高的内在动力，将促进农民平田整地，耙耱保墒，加强耕地机械化管理，缩减中低产田面积，提高耕地地力等级水平。

3. 采用先进农业技术，增加农业比较效益 采取有机旱作农业技术，合理优化适栽技术，加强田间管理，节本增效，提高农业比较效益。

农民以田为本，以田谋生，农业税费政策出台以后，土地属性发生变化，农民由有偿支配变为无偿使用，成为农民家庭财富的一部分，对农民增收和国家经济发展将起到积极的推动作用。

四、扩大无公害农产品生产规模

在国际农产品质量标准市场一体化的形势下，扩大神池县无公害农产品生产成为满足社会消费需求和农民增收的关键。

（一）理论依据

综合评价结果，耕地无污染，适合生产无公害农产品，适宜发展绿色农业生产。

（二）扩大生产规模

在神池县发展绿色无公害农产品，扩大生产规模，要以耕地地力调查与质量评价结果为依据，充分发挥区域比较优势，合理布局，规模调整。一是在粮食生产上，在全县发展20万亩无公害优质玉米，30万亩无公害优质小杂粮；二是在蔬菜生产上，发展无公害蔬菜3万亩；三是在油料生产上，发展无公害油料15万亩。

（三）配套管理措施

1. 建立组织保障体系 设立神池县无公害农产品生产领导组，下设办公室，地点在县农业委员会。组织实施项目列入县政府工作计划，单列工作经费，由县财政负责执行。

2. 加强质量检测体系建设 成立县级无公害农产品质量检验技术领导组，县、乡下设两级监测检验的网点，配备设备及人员，制定工作流程，强化监测检验手段，提高检测检验质量，及时指导生产基地技术推广工作。

3. 制定技术规程　组织技术人员建立全县无公害农产品生产技术操作规程，重点抓好平衡施肥，合理施用农药，细化技术环节，实现标准化生产。

4. 打造绿色品牌　重点做好无公害玉米、小杂粮、油料、旱地瓜菜等农产品的生产。

五、加强农业综合技术培训

自20世纪80年代起，神池县就建立起县、乡、村3级农业技术推广网络。由县农业技术推广中心牵头，搞好技术项目的组织与实施，负责划区技术指导，行政村配备1名科技副村长，在全县设立农业科技示范户。先后开展了玉米、小杂粮、马铃薯、油料、旱地瓜菜等农产品的优质高产高效生产技术培训，推广了旱作农业、地膜覆盖、有机旱作、双千创优工程及设施蔬菜"四位一体"综合配套技术。

现阶段，神池县农业综合技术培训工作一直保持领先，有机旱作、测土配方施肥、良种工程、生态沼气、无公害蔬菜生产技术推广已取得明显成效。充分利用这次耕地地力调查与质量评价，主抓以下几方面的技术培训：

（1）宣传加强农业结构调整与耕地资源有效利用的目的及意义；

（2）全县中低产田改造和土壤改良相关技术推广；

（3）耕地地力环境质量建设与配套技术推广；

（4）绿色无公害农产品生产技术操作规程；

（5）农药、化肥安全施用技术培训；

（6）农业法律、法规、环境保护相关法律的宣传培训。

通过技术培训，使全县农民掌握必要的知识与生产实行技术，推动耕地地力建设，提高全县农民对农业生态环境、耕地质量环境的保护意识，发挥主观能动性，不断提高全县耕地地力水平，以满足日益增长的人口和物资生活需求，为全面建设小康社会打好农业发展基础平台。

第六节　耕地资源管理信息系统的应用

耕地资源信息系统以一个县行政区域内的耕地资源为管理对象，应用GIS技术，对辖区内的地形、地貌、土壤、土地利用、农田水利、土壤污染、农业生产基本情况、基本农田保护区等资料进行统一管理，构建耕地资源基础信息系统，并将其数据平台与各类管理模型结合，对辖区内的耕地资源进行系统的动态管理，为农业决策、农民和农业技术人员提供耕地质量动态变化规律、土壤适宜性、施肥咨询、作物营养诊断等多方位的信息服务。

本系统行政单元为村，农业单元为基本农田保护块，土壤单元为土种，系统基本管理单元为土壤、基本农田保护块、土地利用现状叠加所形成的评价单元。

一、领导决策依据

这次耕地地力调查与质量评价直接涉及耕地自然要素、环境要素、社会要素及经济要素 4 个方面，为耕地资源信息系统的建立与应用提供了依据。通过全县生产潜力评价、适宜性评价、土壤养分评价、科学施肥、经济性评价、地力评价及产量预测，及时指导农业生产的发展，为农业技术推广应用作好信息发布，为用户需求分析及信息反馈打好基础。主要依据：一是全县耕地地力水平和生产潜力评估，为农业远期规划和全面建设小康社会提供了保障；二是耕地质量综合评价，为领导提供了耕地保护和污染修复的基本思路，为建立和完善耕地质量检测网络提供了方向；三是耕地土壤适宜性及主要限制因素分析，为全县农业调整提供了依据。

二、动态资料更新

这次神池县耕地地力调查与质量评价中，耕地土壤生产性能主要包括地形部位、土体构型、较稳定的物理性状、易变化的化学性状、农田基础建设 5 个方面。耕地地力评价标准体系与 1984 年土壤普查技术标准出现部分变化，耕地要素中基础数据有大量变化，为动态资料更新提出了新要求。

（一）耕地地力动态资源内容更新

1. 评价技术体系有较大变化 这次调查与评价主要运用了“3S”评价技术。在技术方法上，采用文字评述法、专家经验法、模糊综合评价法、层次分析法、指数和法；在技术流程上，应用了叠置法确定评价单元，空间数据与属性数据相连接，采用特尔菲法和模糊综合评价法，确定评价指标，应用层次分析法确定各评价因子的组合权重，用数据标准化计算各评价因子的隶属函数并将数值进行标准化，应用了累加法计算每个评价单元的耕地地力综合评价指数，分析综合地力指数，分布划分地力等级，将评价的地方等级归入农业部地力等级体系，采取 GIS、GPS 系统编绘各种养分图和地力等级图等图件。

2. 评价内容有较大变化 除原有地形部位、土体构型等基础耕地地力要素相对稳定以外，土壤物理性状、易变化的化学性状、农田基础建设等要素变化较大，尤其是土壤容重、有机质、pH、有效磷、速效钾指数变化明显。

3. 增加了耕地质量综合评价体系 土样、水样化验检测结果为全县绿色、无公害农产品基地的建立和发展提供了理论依据。图件资料的更新变化，为今后全县农业宏观调控提供了技术准备，空间数据库的建立为全县农业综合发展提供了数据支持，加速了全县农业信息化的发展。

（二）动态资料更新措施

结合这次耕地地力调查与质量评价，神池县及时成立技术指导组，确定专门的技术人员，从土样采集、化验分析、数据资料整理编辑，电脑网络连接畅通，保证了动态资料更新及时、准确，提高了工作效率和质量。

三、耕地资源合理配置

（一）目的意义

多年来，神池县耕地资源盲目利用、低效开发、重复建设的情况十分严重，随着农业经济发展方向的不断延伸，农业结构调整缺乏借鉴技术和理论依据。这次耕地地力调查与质量评价成果对指导全县耕地资源合理配置、逐步优化耕地利用质量水平、提高土地生产性能和产量水平具有现实意义。

神池县耕地资源合理配置的思路是：以确保粮食安全为前提，以耕地地力质量评价成果为依据，以统筹协调发展为目标，用养结合，因地制宜，内部挖潜，发挥耕地最大生产效益。

（二）主要措施

1. 加强组织管理，建立健全工作机制　神池县组建耕地资源合理配置协调管理工作体系，由农业、土地、环保、水利、林业等职能部门分工负责，密切配合，协同作战。技术部门要抓好技术方案制定和技术宣传培训工作。

2. 加强农田环境质量检测，抓好布局规划　将企业列入耕地质量检测范围。企业要加大资金投入和技术改造，降低“三废”对周围耕地的污染，因地制宜地大力发展绿色无公害农产品优势生产基地。

3. 加强耕地保养利用，提高耕地地力　依照耕地地力等级划分标准，划定全县耕地地力分布界限，推广平衡施肥技术，加快农田水利基础设施建设，平田整地，淤地打坝，中低产田改良，植树造林，扩大植被覆盖面，防止水土流失，提高园（梯）田化水平。采用机械耕作，加深耕层，熟化土壤，改善土壤理化性状，提高土壤保水保肥能力。划区制定技术改良方案，将全县耕地地力水平分级划分到村、到户，建立耕地改良档案，定期定人检查验收。

4. 重视粮食生产安全，加强耕地利用和保护管理　根据全县农业发展远景规划目标，要十分重视耕地保护利用与粮食生产之间的关系。人口不断增长，耕地逐年减少，要解决好建设与吃饭的关系，合理利用耕地资源，实现耕地总面积动态平衡，解决人口增长与耕地的矛盾，实现农业经济和社会可持续发展。

总之，耕地资源配置，主要是各土地利用类型在空间上的整体布局；另一层含义是指同一土地利用类型在某一地域中是分散配置还是集中配置。耕地资源空间分布结构折射出其地域特征，而合理的空间分布结构可在一定程度上反映自然生态和社会经济系统间的协调程度。耕地的配置方式，对耕地产出效益的影响截然不同，经过合理配置，农村耕地相对规模集中，既利于农业管理，又利于减少投工投资，耕地的利用率将有较大提高。

一是严格执行《基本农田保护条例》，增加土地投入，大力改造中低产田，使农田数量与质量稳步提高；二是要适当调整发展设施农业，建设优质果品和蔬菜生产基地；三是林草地面积适量增长，加大四荒拍卖开发力度，种草植树，力争森林覆盖率达到30%，人工种植牧草面积占到耕地面积的2%以上。搞好河道、滩涂地有效开发，增加可利用耕地面积。加大小流域综合治理，在搞好耕地整治规划的同时，治山治坡、改土造田、基本农田建设与农业综合开发结合进行；要采取措施，严控企业占地，严控农村宅基地占用一级、二级耕田，加速废旧砖窑和农村废弃宅基地的返田改造，盘活耕地存量调整，“开源”与“节流”并举，加快耕地使用制度改革。实行耕地使用证发放制度，促进耕地资源的有效利用。

四、土、肥、水、热资源管理

（一）基本状况

神池县耕地自然资源包括土、肥、水、热资源。它是在一定的自然和农业经济条件下逐渐形成的，其利用及变化均受到自然、社会、经济、技术条件的影响和制约。自然条件是耕地利用的基本要素。热量与降水是气候条件最活跃的因素，对耕地资源影响较为深刻，不仅影响耕地资源类型的形成，更重要的是直接影响耕地的开发程度、利用方式、作物种植、耕作制度等方面。土壤肥力则是耕地地力与质量水平基础的反映。

1. 光热资源 神池县属温带干旱大陆性季风气候，四季分明，冬季寒冷干燥，夏季炎热多雨。年均气温为4.7℃，7月最热，平均气温达19.5℃，极端最高气温达34.8℃。1月最冷，平均气温－12.7℃，最低气温－33.8℃。大于10℃的积温为2 080.5～2 511.8℃。历年平均日照时数为2 816.7小时，无霜期115天。

2. 降水与水文资源 神池县全年降水量为487.7毫米，不同地形间雨量分布规律：北部和南部山区降水较多，降水量500毫米以上，平川地区较少，年降水量在480毫米以下，年度间全县降水量差异较大，降水量季节性分布明显，主要集中在7月、8月、9月这3个月，占年总降水量63%左右。

地表水：神池县有4条较大的季节性河流。朱家川河发源于东湖乡达木河村，全长60千米，经小寨、东湖、义井、贺职乡出界，流八五寨，保德入黄河。贯穿整个沟谷川地，流域面积63万亩。

县川河起源大严备乡六家河村，由东向西经马坊、八角镇、长畛乡，由前梨树洼出境经偏关、保德入黄河，贯穿2个公社丘涧坪地，全长35千米，流域面积95万亩。

野猪口河在县境东北部，发源于烈堡乡后红梁村，从石湖村出境，经朔县八桑干河。

涧口河分布在境内东部，由龙泉镇小沟儿涧起，到大沟儿涧出境，流入宁武恢河，归入桑干河。全长5千米，流域面积10万亩。

4条季节性时令河，径流多集中在雨季，7月、8月、9月这3个月的洪水流量达到全年径流量的70%；各河流总洪水量达1.15立方米/秒，含沙量35%，洪水最大流量153立方米/秒。

这些大小不等的时令河流，在夏季洪水出现高峰时期，河床洪水涛涛，携带走大量的泥沙和由径流冲走的地表肥土，造成了严重的水土流失。

地下水：神池县是一个地下水源奇缺的县。地下水源静储量6.16万吨，动储量5.9万吨/昼夜，且分布很不均匀，多集中在朱家川河和县川河流域平川区，历史上有1/3以上村人畜严重缺水，目前还有不少村庄人畜吃水困难。

神池县地下水埋藏很深，仅在城关山涧洼地地下水位高，埋深1～3米，由于地下水阻滞不畅，盐分积聚，形成了小面积的盐化浅色草甸土。

3. 土壤肥力水平 神池县耕地地力平均水平较低，依据《山西省中低产田类型划分与改良技术规程》，分析评价单元耕地土壤主要障碍因素，将全县耕地地力等级的二级至七级归并为5个中低产田类型，总面积75.49万亩，占总耕地面积的89.22%，主要分布于中低山区、广大丘陵地区和沟谷川地区。全县耕地土壤类型为：棕壤、栗褐土、风沙土、潮土4类，其中栗褐土分布面积较广，约占85%，其余只约占15%。全县土壤质地较好，主要分为沙质土、壤质土2种类型，其中壤质土约占80%。土壤pH为8～9.32，平均为8.58，耕地土壤容重范围为1.33～1.41克/厘米^3，平均值为1.34厘米。

（二）管理措施

在神池县建立土壤、肥力、水热资源数据库，依照不同区域土肥、水热状况，分类分区划定区域，设立监控点位，定人、定期填写检测结果，编制档案资料，形成有连续性的综合数据资料，有利于指导全县耕地地力恢复性建设。

五、科学施肥体系的建立

（一）科学施肥体系建立

神池县平衡施肥工作起步较早，最早始于20世纪70年代未定性的氮磷配合施肥，80年代初为半定量的初级配方施肥。90年代以来，有步骤地定期开展土壤肥力测定，逐步建立了适合全县不同作物、不同土壤类型的施肥模式。在施肥技术上，提倡“增施有机肥，稳施氮肥，增施磷，补施钾肥，配施微肥和生物菌肥”。

神池县土壤以壤质土为主，有机质平均含量为9.26克/千克，属省五级水平；全氮平均含量为0.72克/千克，属省四级水平；有效磷含量平均为9.60毫克/千克，属省五级水平；速效钾含量为104.70毫克/千克，属省四级水平。中微量元素养分含量锌、铜较高，除铁属于五级外，其余均属四级水平，与1984年土壤普查比较，有机质、全氮、有效磷均提高，只有速效钾大幅下降，这符合本县不施钾肥和有机肥施量逐年减少，秸秆还田措施起步晚并规模下的生产现实。

1. 调整施肥思路　以节本增效为目标，立足抗旱栽培，着力提高肥料利用率，依据“增氮、稳磷、补钾、配微”原则，坚持有机肥与无机肥相结合，合理调整养分比例，按耕地地力与作物类型分期供肥，科学施用。

2. 施肥方法

（1）因土施肥：不同土壤类型的保肥、供肥性能不同。对全县黄土台垣丘陵区旱地，土壤的土体构型为通体壤或“蒙金型”，一般将肥料作基肥一次施用效果最好；对沟谷川沙土、夹沙土等构型土壤，肥料特别是钾肥应少量多次施用。

（2）因品种施肥：肥料品种不同，施肥方法也不同。对碳酸氢铵等易挥发性化肥，必须集中深施覆盖土，一般为10～20厘米，硝态氮肥易流失，宜作追肥；尿素为高浓度中性肥料，作底肥和叶面喷肥效果最好，在旱地作基肥集中条施。磷肥易被土壤固定，常作基肥和种肥，要集中沟施，且忌撒施在土壤表面。

（3）因苗施肥：对基肥充足、生长旺盛的田块，要少量控制氮肥，少追或推迟追肥时期；对基肥不足、生长缓慢田块，要施足基肥，多追或早追氮肥；对后期生长旺盛的田块，要控氮补磷施钾。

3. 选定施用时期　因作物选定施肥时期。麦谷类追肥宜选在拔节期追肥；叶面喷肥选在孕穗期和扬花期；玉米追肥宜选在拔节期和大喇叭口期施肥，同时可采用叶面喷施锌肥；马铃薯和油料追肥选在花蕾期和花铃期。

在作物喷肥时间上，要看天气施用，要选无风、晴朗的天气，早上 8：00～9：00 或下午 16：00 以后喷施。

4. 选择适宜的肥料品种和合理的施用量施肥 在品种选择上，增施有机肥、高温堆沤积肥、生物菌肥；严格控制硝态氮肥的施用，忌在忌氯作物上施用氯化钾，提倡施用硫酸钾肥，补施铁肥、锌肥、硼肥等微量元素化肥。在化肥用量上，要坚持无害化施用原则，对于一般瓜菜田，亩施腐熟农家肥 3 000～5 000 千克、尿素 25～30 千克、磷肥 40 千克、钾肥 10～15 千克。日光温室以番茄为例，一般亩产 6 000 千克，亩施有机肥 4 500 千克、氮肥（N）25 千克、磷（P_2O_5）23 千克，氧化钾（K_2O）16 千克，配施适量硼、锌等微量元素。

（二）旱作补灌制度的建立

神池县为贫水区之一，主要以抗旱补灌为主。

1. 旱地区集雨灌溉模式 主要采用有机旱作技术模式，深翻耕作，加深耕层，平田整地，提高园（梯）田化水平，地膜覆盖，垄际集雨纳墒，秸秆覆盖蓄水保墒，高灌引水，节水管灌等配套技术措施，提高旱地农田水分利用率。

2. 尝试建设适度深井水灌溉 在朱家川河县川河流域和低海拔沟谷川地区，水源条件较好的旱地，可打井造渠，利用分畦浇灌或管道渗灌、喷灌，节约用水，保障作物生育期一次透水。

（三）体制建设

在神池县建立科学施肥与灌溉制度，农业技术部门要严格细化相关施肥技术方案，积极宣传和指导；水利部门要抓好淤地打坝、井灌配套等基本农田水利设施建设，提高灌溉能力；林业部门要加大荒坡、荒山植树植被、绿色环境，改善气候条件，提高年际降水量；农业环保部门要加强基本农田及水污染的综合治理，改善耕地环境质量和灌溉水质量。

六、信息发布与咨询

耕地地力与质量信息发布与咨询，直接关系到耕地地力水平的提高，关系到农业结构调整与农民增收目标的实现。

（一）体系建立

以神池县农业技术部门为依托，在省、市农业技术部门的支持下，建立耕地地力与质量信息发布咨询服务体系，建立相关数据资料展览室，将全县的土壤、土地利用、农田水利、土壤污染、基本农业田保护区等相关信息融入电脑网络之中，充分利用县、乡两级农业信息服务网络，对辖区内的耕地资源进行系统的动态管理，为农业生产和结构调整做好耕地质量动态变化、土壤适宜性、施肥咨询、作物营养诊断等多方位的信息服务。在乡村建立专门的试验示范生产区，专业技术人员要做好协助指导管理，为农户提供技术、市场、物资供求信息，定期记录监测数据，实现规范化管理。

(二) 信息发布与咨询服务

1. 农业信息发布与咨询　重点抓好玉米、蔬菜、瓜类、小杂粮、油料等适栽品种的供求动态、适栽管理技术、无公害农产品化肥和农药科学施用技术、农田环境质量技术标准的入户宣传，编制通俗易懂的文字、图片发放到每家每户。

2. 开辟空中课堂抓宣传　充分利用覆盖全县的电视传媒信号，定期做好专题资料宣传，并设立信息咨询服务电话热线，及时解答和解决农民提出的各种疑难问题。

3. 组建农业耕地环境质量服务组织　在全县乡村选拔科技骨干及科技副村长，统一组织耕地地力与质量建设技术培训，组成农业耕地地力与质量管理服务队，建立奖罚机制，鼓励他们建言献策，提供耕地地力与质量方面的信息和技术思路，服务于全县农业发展。

4. 建立完善执法管理机构　成立由县土地、环保、农业等行政部门组成的综合行政执法决策机构，加强对全县农业环境的执法保护。开展农资市场打假行动，依法保护利用土地，监控企业污染，净化农业发展环境。同时配合宣传相关法律、法规，让群众家喻户晓，自觉接受社会监督。

第七节　神池县地膜玉米耕地适宜性分析报告

神池县是国家小杂粮县，作物种类丰富。改革开放以来，种植结构使玉米成为全县第一大粮食作物和支柱产业，常年种植面积保持在20万亩左右，全部是地膜覆盖旱地种植。近年来随着食品工业、畜牧业的快速发展和人们生活水平的不断提高，对玉米的需求呈上升趋势。因此，充分发挥区域优势，搞好玉米生产，抵御加入世界贸易组织后对玉米生产的冲击，对提升玉米产业化水平，满足市场需求，提高市场竞争力意义重大。

一、地膜玉米生产条件的适宜性分析

神池县属暖温带大陆干旱性季风气候，光资源丰富，雨热同季集中，年平均降水量487.7毫米，年平均日照时数2 882小时，年平均气温为4.7℃，全年无霜期120天左右，历年通过10℃的积温达2 800℃，土壤类型主要为栗褐土、潮土，理化性能较好，为玉米生产提供了有利的环境条件。玉米产区耕地面积40余万亩，玉米适宜种植面积30余万亩。

玉米产区耕地地力现状

1. 西部平川区　该区耕地面积20万亩，玉米适宜种植面积10万亩，区内土壤有机质含量为8.05克/千克，全氮为0.61克/千克，有效磷9.22毫克/千克，速效钾108.1毫克/千克，锰、钼、硼、铁微量元素含量相对偏低，均属省四级至五级水平。

2. 丘陵地区　该区耕地面积20万亩，玉米适宜种植面积12万亩，区内耕地有机质含量为8.16克/千克，全氮为0.63克/千克，有效磷9.01毫克/千克，均低于全县平均水平，相当于省五级水平，速效钾108.54毫克/千克，较全县平均略高，相当于省四级水平；土壤微量元素，钼含量平均值属省五级水平，铜、锌均属于三级水平，锰、硼属省四

级水平，铁含量属省五级水平。

3. 山前倾斜平原区 该区耕地面积15万亩，玉米适宜种植面积10万亩，本区耕地平均有机质含量10.05克/千克，全氮为0.72克/千克，有效磷8.46毫克/千克，速效钾97.81毫克/千克，整体看，有机质、全氮、有效磷偏高，属省四级水平，速效钾偏低，属省五级水平，微量元素属省五级水平。

4. 沟谷川、丘涧坪地区 该区耕地面积15万亩，玉米适宜种植面积10万亩，区内耕地有机质含量为9.83克/千克，全氮为0.72克/千克，有效磷7.58毫克/千克，速效钾100.76毫克/千克，均与全县平均水平相当，属省五级水平，微量元素含量平均值，锰、铁、硼也均属省五级水平，偏低。

二、地膜玉米生产技术要求

（一）引用标准

GB 3095　大气环境质量标准

GB 9137　大气污染物最高允许浓度标准

GB 15618　土壤环境质量标准

GB 3838　国家地下水环境质量标准

GB 4285　农药安全使用标准

（二）具体要求

1. 土壤条件 玉米的生产必须以良好的土肥、水热、光等条件为基础。实践证明，耕层土壤养分含量一般应达到下列指标：有机质大于等于8克/千克，全氮大于等于0.5克/千克，有效磷大于等于5毫克/千克，速效钾大于等于80毫克/千克为宜。

2. 生产条件 玉米生产在地力、肥力条件较好的基础上，要较好地处理群体与个体矛盾，改善群体内光照条件，使个体发育健壮，达到穗大、粒重、高产，全生长期120～130天，降水量400～500毫米。

（三）地膜玉米无公害生产技术

1. 种子选择处理 种子准备比较简单，因为目前玉米均采用商品化的杂交种，而且都是包衣种子，一般种子的纯度、净度、牙率和品种优势都能保证，我们农民需要考虑的是选品种而不是选种子。选品种非常重要，应注意以下方面：一是年限，一般3年以上的种子不能用；二是生育期，该县应小于120天，同时要根据不同地区酌情确定，原则是西部平川（贺职和义井平川）115～120天，山前倾斜平原110～115天（太平庄和虎北塘涧），丘陵地区110天（八角镇和长畛乡），丘涧坪地和沟谷川地100天（龙泉镇和东湖乡）；三是积温，在神池县应选择要求有效积温小于2 400℃的品种；四是其他要求，商品性、矮秆、单穗、抗斑病和黑穗病等。在神池县目前表现较好的品种有：先锋38-P05、东单2008、龙源3号、品玉8号、中单104、局部地区还可以尝试先育335。

2. 选地及耕作 采用豆茬为佳，因豆茬含氮量较高。实行豆茬原垄种土壤墒情好，可防春旱，易保全苗，发苗快，成本低。麦、谷、马铃薯、胡麻等茬口含氮量较低，发苗慢。如果采用上述茬，应在上年秋季以蓄水保墒，并可尝试有机肥和迟效化肥的秋深施，一年秋翻深度 20～22 厘米，两年秋深松 30～35 厘米，打破犁底层，加深耕作层，及时进行播前播后镇压。创造一个良好苗床，水肥足，才能促进快发苗。

3. 科学施肥

（1）底肥：玉米要施足底肥，一般应亩施腐熟的农家肥 0.8～1 吨，或商品化精制有机肥 500～600 千克，氮肥（N）8～10 千克、磷肥（P_2O_5）5～7 千克、钾肥（K_2O）3～5 千克，底肥总量应占总施肥量的 70%。氮肥应选尿素、硝氨，磷肥应选颗粒过磷酸钙，钾肥应选农用硫酸钾，复合肥可选硝酸磷、磷酸二铵和硝氨磷肥，按照神池县农民的种植习惯在 4 月中下旬随串地 1 次施入，深 7～10 厘米为佳，但我们应大胆尝试和推广秋季基肥的深施，深度 15 厘米。

（2）追肥：玉米追肥可分为苗肥、拔节肥、穗肥和粒肥，按照我们的种植方式，苗肥、拔节肥和粒肥可以不考虑，因为春玉米基肥足，而且灌浆后期时间较短。旱地追肥应充分考虑玉米需肥关键阶段和有无降雨的配合，所以追肥重点在穗肥，一般指玉米抽雄前后，这一阶段正是玉米雌穗的小穗、小花分化期，雌穗形成，需肥达到了高峰，在 7 月中旬，在这一阶段随降雨亩追尿素 5～6 千克，硫酸钾 2～3 千克，或硝酸磷、磷酸二铵 5 千克左右，亩产可增加 15%～20%。

4. 覆膜与播种

（1）播种时间：一般 4 月下旬到 5 月上旬，5～10 厘米土层地温稳定在 5～7℃时可以播种，但因不同地区略有差异，西南部早，丘陵和中部沟谷川地略迟，但提倡按照“抢墒不等时，时到不等墒”的原则适期早播，把握在 4 月 25 日—5 月 3 日，这样延前促后和拓宽玉米全生育期的时间，以充分利用有限的雨热资源，同时，到小满至芒种，已长成壮苗可有效地预防晚霜伤苗。

（2）覆膜方法：一般采用机械化覆膜播种一次作业的方法，这种方法节省时间且播种均匀，适用于大面积种植采用；缺陷是浪费种子、易出现苗穴错位而增加放苗和间苗作业，同时，下种时间不能人为控制。另一种方式是先覆膜后人工打孔点播，这种方法节省种子，不用放苗、间苗，同时，可较好地掌握播种时间，但费工费时且播种密度和深度不均匀。

（3）覆盖方式：一般采用 80 厘米宽 0.007 毫米的微膜，一膜双行膜际种植，膜上采光面 40 厘米（小行距 40 厘米），膜间距离 40 厘米（大行距 60 厘米），这样可保证一米一带，亩留苗可达到 3 300 株，实际上一般是 1.2 米 1 带或者带宽更大，这样亩留苗只有 2 500～2 600 株。

（4）密度与播深：耕地较薄且肥料投入不足，密度应以肥力水平、地面平整度和种植品种而定，通过计算，1 米 1 带，用 5 眼机播种，亩留苗可达到 4 000 株，如用 4 眼机播种，亩留苗可达到 3 200 株；1.2 米 1 带，用 5 眼机播种，亩留苗可达到 3 400 株，用 4 眼机播种亩留苗可达到 2 670 株。一般平地、好地、紧凑型品种要大密度，相反瘦地、缓坡地、扩张型品种应小密度。播种深度一般为 4～5 厘米，黏土地稍浅，沙壤土和壤土略深。

5. 管理

（1）放苗、定苗、护膜：对先覆膜后播种的要及时破除孔口土壤板结，助苗出土，再封严膜孔；对覆膜播种一次完成的要及时解决苗穴错位，破膜放苗，同样，放苗后封严膜孔，在苗长到4～5叶，株高25～30厘米时即可定苗，一般在5月下旬，要保持一穴单株留壮苗，特殊肥沃地或稀植田也可间穴留双株。

（2）清垄、去蘖：定苗后要及时中耕1次，锄去膜间杂草，同时可松土，提高地温，接纳雨水，助苗生长。玉米长到1米高时，茎基部易长分蘖（长分蘖与品种、密度和播种方式有关），要及时将分蘖除去以减少地力消耗。

（3）追肥：6月下旬到7月中旬的1个月内，玉米进入营养生长和生殖生长的并进阶段，生长旺盛，营养消耗较大，要视苗情长势及时随降雨追肥，亩追尿素5～8千克，硫酸钾2～3千克。

（4）病虫草害防治：玉米的病虫害较多，包括白苗花叶病、玉米瘤黑粉病、玉米丝黑穗病、玉米大、小叶斑病玉米锈病、玉米分蘖、玉米多穗等常见病害和玉米螟、红蜘蛛、黏虫等害虫，应根据不同病虫种类和发生情况针对性地进行防治。

6. 收获 玉米成熟时，大多数品种表现为茎秆变黄，叶子干枯萎缩，包叶黄白而松散，籽粒完全变硬并显现本品种固有的色泽，应及时地人工或机械化摘穗收获。有条件的可接着进行秸秆和复播下茬。

三、玉米生产目前存在的问题

（一）土壤有效磷含量部分田块偏低

土壤肥力是提高农作物产量的条件，是农业生产持续上升的物质基础。从土壤养分分析结果来看，神池县玉米产区有效磷含量与玉米生产条件的标准相比部分地块偏低。生产中存在的主要问题是应增加磷肥施用量。

（二）土壤养分不协调

从玉米对土壤养分的要求来看，玉米产区土壤中全氮含量相对偏低，速效钾的平均含量为中等水平，而有效磷含量则与要求相差甚远。生产中存在的主要问题是氮、磷、钾配比不当，应注重磷肥、钾肥施用。

（三）微量元素肥料施用量不足

微量元素大部分存在于矿物晶格中，不能被植物吸收利用，而微量元素对农产品品质有着不可替代的作用。生产中存在的主要问题是农户微肥施用量较低，甚至有不施微肥的现象。

四、地膜玉米生产的对策

（一）增施有机肥

一是积极组织农户广开肥源，培肥地力，努力改善土壤结构，提高纳雨蓄墒的能力；二是大力推广小杂粮、玉米秸秆覆盖等还田技术；三是狠抓农机具配套，扩大秸秆翻压还田面积；四是加快有机肥工厂化进程，扩大商品有机肥的生产和应用。在施用有机肥的过程中，农家肥必须经过高温发酵，不得施用未经腐熟的厩肥、泥肥、饼肥、人粪尿等。

(二) 合理调整肥料用量和比例

首先，要合理调整化肥和有机肥的施用比例，无机氮与有机氮之比不超过1∶1；其次，要合理调整氮、磷、钾施用比例，比例为1∶（0.8～1）∶0.4。

(三) 合理增施磷钾肥

以“适氮、增磷、补钾”为原则，合理增施磷钾肥，保证土壤养分平衡。

(四) 科学施微肥

在合理施用氮、磷、钾肥的基础上，要科学施用微肥，以达到优质、高产的目的。

第八节　神池县耕地质量状况与马铃薯标准化生产的对策研究

神池县马铃薯品质优良、营养丰富，是重要的粮、菜、饲兼用作物，同时又是测土配方施肥技术的主要推广作物。目前，种植面积达15万亩，分布在全县10个乡（镇）的241个自然村，其中以中低山区烈堡乡的马铃薯产业地位更加突出。烈堡乡属温带大陆性季风气候，光照和降雨资源丰富，昼夜温差较大，地势为缓坡地，土壤较肥沃，土层深厚，质地适中，年平均气温4.5℃，大于等于10℃的积温在2 300℃以上，降水量490毫米左右，高海拔保证了马铃薯品种退化慢，病虫害发生轻，是神池县马铃薯生产的理想地区。

一、全县及马铃薯主产区耕地质量现状

(一) 耕地地力现状

从本次调查结果知，全县土壤以壤质土为主，有机质平均含量为9.26克/千克，属省五级水平；全氮平均含量为0.72克/千克，属省四级水平；有效磷含量平均为9.60毫克/千克，属省五级水平；速效钾含量为104.70毫克/千克，属省四级水平。中微量元素养分含量锌、铜较高，除铁属于五级外，其余均属四级水平。马铃薯优势产区烈堡乡，以壤质土为主，有机质平均含量为10.91克/千克，属省四级水平；全氮平均含量为1.07克/千克，属省三级水平；有效磷含量平均为16.21毫克/千克，属省三级水平；速效钾含量为106.66毫克/千克，属省四级水平。中微量元素养分含量锌、铜较高，除铁属于五级外，其余均属四级水平。

(二) 耕地环境质量状况

土壤环境质量现状　通过检测均符合我国绿色食品产地环境技术条件（NY/T 391—2000）的要求。

二、神池县马铃薯标准化生产技术规程

1. 范围　本标准规定了无公害马铃薯的生产地选择与规划、栽植、土肥水管理、病虫害防治和收获等技术。

本标准适用于神池县无公害食品马铃薯的生产。

2. 主要栽培技术要求

（1）地块选择：选择土壤肥沃、地势平坦、排灌方便、耕作层深厚、土质疏松的沙壤土或壤土。前茬以禾谷类作物、豆类、油料、蔬菜等为宜，不宜以茄科作物，如茄子、辣椒、番茄、烟草等为前茬，以减轻病害的发生。

（2）整地与施肥：前茬作物收获后，应及时深耕 30 厘米左右，使土壤表面疏松。一可实现回茬还田；二可有效地接纳后秋和冬春的雨雪；三可降低地下水通过土壤毛细管上升而蒸发，实现蓄水保墒；四可将越冬病原物虫害翻到土表而冻死，降低来年的病虫害。早春解冻后应及早耕耙，达到耕层细碎无坷垃、田面平整无根茬，保住墒情，以待播种。施足底肥是马铃薯高产的基础，马铃薯是高产喜肥作物，结合早春整地，施足底肥。底肥一般亩施优质腐熟有机肥 2 500～3 000 千克；根据地力水平，以产量定化肥施用量，一般中等地力水平（有机质 10%～20%、全氮 0.7%～1.2%、有效磷 10.1～20 毫克/千克、速效钾 101～200 毫克/千克，也就是理论上说的三级至四级耕地），按照近 3 年测土配方施肥试验，制定的配方是：

①高产田。大于 2 000 千克/亩，$N-P_2O_5-K_2O$ 为 14－7－6 千克/亩。

②中产田。1 500～2 000 千克/亩，$N-P_2O_5-K_2O$ 为 13－6－5 千克/亩。

③低产田。大于 1 000～1 500 千克/亩，$N-P_2O_5-K_2O$ 为 8－4－2 千克/亩。再计算化肥实物量。在施肥上要注意 3 个问题：一要开沟施肥并立即覆土，这样施肥集中，并且挥发浪费少；二要注意马铃薯是忌氯作物，一定不能施带氯元素或氯离子的肥料，如氯化钾、氯酸钾等；三要注意施钾肥，因马铃薯是喜钾作物，马铃薯施钾产量高、品质好而且还抗病，试验表明，亩施农用硫酸钾 8 千克，可增产鲜薯 100～150 千克。通过“3414”肥效试验分析得出这样的结论，当土壤有效钾含量低于 100 毫克/千克时，施钾效益显著，而且以现蕾初期追施钾肥增产幅度最高，淀粉含量及大中薯块率提高最显著，所以在一定施氮磷肥水平基础上，一般每亩追施钾肥 14～15 千克。施肥在机械化程度低的地区应随播种 1 次完成。

（3）播种：

①种薯准备。播种前 1 月左右将种薯从窖中取出，进行种薯挑选，应选择休眠期长、幼芽粗壮、具有健壮种性的幼龄和壮龄薯作种薯，应尽量购买脱毒种薯原种或一级种；将选好的种薯放在温度 15～20℃的黑暗环境中春化处理，实现其幼芽的充分萌动，时间 15～20 天。按照每亩需种薯 120 千克左右的播种量，播前 20～25 天进行种薯切块，每块留1～2 个芽眼，重量 25～30 克；将种块平铺地面晾晒 5 天左右进行催芽；如果当地有马铃薯晚疫病、环腐病发生，较严重的还应增加种薯药剂处理措施。

②播种。一般以春播秋收的马铃薯为主（春早播夏收的在神池县很少），适宜播期为 4 月上中旬至 5 月初，若播种过早，幼苗易受冻害。播种过晚，薯块膨大时正处于高温多雨季节，地上部茎叶易徒长，影响块茎养分积累，导致减产，且薯块易感染病害烂薯，不耐贮藏。马铃薯块茎膨大要求疏松的土壤条件，所以许多地方采用起垄种植法，如东北地区、山西省晋中和南部地区。在大同的左荣县垄作马铃薯种植非常成功，神池县因为广种薄收，机械化条件差，一般还采取平种的方式。播种有畜力开沟，人工施肥点种；机械化

开沟、施肥点种、覆土 1 次作业；还有机械化覆膜打孔下种等几种方式，要根据劳力、机具和种的多少等条件选择，但应该看到的是，随着种植业集约化水平的提高，起垄种植是发展方向。播种密度在神池县平川 2 300～2 500 株，丘陵和山区 200～2 200 株，密度小严重影响产量。一般行距 60 厘米、株距 40 厘米，这样亩苗可 2 800 株，施肥合理，正常年份，亩产 1 500 千克没问题。播种深度要看土壤墒情，一般是，墒湿浅些，墒干浅些，播深在 8～10 厘米较合适。

（4）田间管理：

①中耕除草。马铃薯播后 25～30 天即可出苗，再过 10 天左右即可苗全，这时薯苗现行，苗高 10～15 厘米，进行 1 次浅中耕除草，在神池县大约是 6 月上旬。第一次中耕的目的有三：一是疏松表层土壤以提高地温，促进根系发达；二是锄掉苗期杂草；三是定苗，有条件的地方还可以补苗，总之是起以促为主的措施，促地上带地下。

②中耕培土。薯苗株高 20 厘米时结合第二次深中耕除草进行培土，培土高度 20～25 厘米，尽量向根部培土，不偏不漏，防止块茎膨大时外漏，影响商品性，同时培土使苗健康地长成丰产株，茎秆粗壮而不倒伏，根部土壤疏松利于薯块膨大。如果劳力充足，管理精细的农户在马铃薯封垄前还要进行第三次中耕高培土。

③化控。在现蕾开花期，对徒长趋势的田块，亩用 15%多效唑 20～25 克，对水 40～50 千克，喷雾，控制徒长。

④视苗情随降雨适当追补肥料。

⑤病虫害防治。马铃薯一生病虫害较多，要根据发生情况及时组织防治。

（5）收获与仓储：当茎叶枯黄，周皮变厚时，及时收获。收获时要防损伤，防暴晒，通常在 10 月上旬。贮藏：马铃薯储藏环节非常重要，储藏要达到温度适宜（不冻不热）、通风适宜（保证土豆不缺氧）、湿度适宜（不干燥不水灌）、储量适宜（保证储藏的土豆能够进行呼吸作用，一般储藏量要为总容积的 2/3）、地址适宜（储藏窖的大小、深度、地点要达到防冻、防病虫鼠害传播的条件）。总之，理想的储藏条件是土豆块茎自然耗损率低于 2%。

三、马铃薯实施标准化生产的对策

1. 选择最适宜的栽培区域和良好的土壤条件　依马铃薯的生长和品种特性，最适宜的栽培区应为海拔 1 400～1 600 米，年降水量 500 毫米以下，无霜期 115～120 天，大于或等于 10℃以上的年有效积温 2 300℃以上，日照时数 2 800 小时以上。土质要求沙壤或中壤，有机质含量 0.9%以上，土壤 pH8～8.5，有浇水条件更好。

2. 种植前进行深翻改土　因马铃薯是一年生植物，且是块茎地下生长，要求土壤通透性好、导热性强、有机质含量高。所以栽前必须深耕以实现土壤疏松，施入大量有机肥。具体要求：耕深 250 厘米的沟，打破犁底层。上层集中行间表土混合腐熟的有机肥（每亩按 2 500～5 000 千克），氮肥和磷肥（50～60 千克），钾肥（10～20 千克）此项工作最好在上一年收获后进行。

3. 选择目前生产上表现好的脱毒种薯原种或一级 3 种，如冀张薯 8 号、克星 1 号、晋薯 7 号、夏波蒂、大西洋等品种。

4. 应用无公害农药，及时防治病虫害，在做好秋深耕灭茬的基础上，尽量破坏病虫源的越冬环境，以压低病虫害源，如病虫害发生较重，要尽量使用低毒、低残留农药进行防治，做好土壤和农家肥的消毒、杀虫源工作，控制病虫害发生。